# 毛细管X射线光学器件的性能及应用

孙天希　刘志国　丁训良　著

北　京
冶 金 工 业 出 版 社
2009

# 内 容 提 要

本书介绍了毛细管X射线光学器件的设计原理、种类、性能和应用，提供了该类器件详细的性能表征方法，分别讨论了该类器件在微束X射线荧光分析技术和微束X射线衍射分析技术中的应用、在X射线吸收精细结构分析技术和X射线成像技术中的应用、在共聚焦X射线荧光分析技术和共聚焦X射线衍射分析技术中的应用、在会聚同步辐射X射线中的应用、在大气颗粒物单颗粒X射线荧光分析中的应用，展望了毛细管X射线光学器件在安保防恐设备和医疗设备中的应用前景。

本书适合从事X射线光学器件设计、应用的研究人员阅读，也可供需要进行X射线实验分析的科研人员阅读。


**图书在版编目(CIP)数据**

毛细管X射线光学器件的性能及应用/孙天希，刘志国，丁训良著. —北京：冶金工业出版社，2009.3

ISBN 978-7-5024-4823-3

Ⅰ.毛… Ⅱ.①孙… ②刘… ③丁… Ⅲ.毛细管—X射线管—光学元件 Ⅳ.TH74

中国版本图书馆CIP数据核字(2009)第016041号

出 版 人 曹胜利

地 址 北京北河沿大街嵩祝院北巷39号，邮编100009

电 话 (010)64027926 电子信箱 postmaster@cnmip.com.cn

责任编辑 张熙莹 美术编辑 张媛媛 版式设计 葛新霞

责任校对 石 静 责任印制 牛晓波

ISBN 978-7-5024-4823-3

北京百善印刷厂印刷；冶金工业出版社发行；各地新华书店经销

2009年3月第1版，2009年3月第1次印刷

850mm×1168mm 1/32；5.5印张；143千字；162页；1-1500册

**20.00元**

**冶金工业出版社发行部 电话：(010)64044283 传真：(010)64027893**

**冶金书店 地址：北京东四西大街46号(100711) 电话：(010)65289081**

# 前　言

毛细管X射线光学器件在X射线分析领域有着广泛的应用，是20世纪90年代X射线光学的革命性突破，也是目前X射线分析技术领域的发展前沿。

为了广大使用者更好地了解毛细管X射线光学器件的性能和应用特性，我们在多年从事毛细管X射线光学器件的设计、性能及应用研究的基础上编写《毛细管X射线光学器件的性能及应用》一书，希望通过该书进一步促进毛细管X射线光学器件的研发及应用，从而进一步促进X射线分析技术的发展。

本书系统详细地介绍了毛细管X射线光学器件的性能表征及其在X射线荧光分析技术、X射线衍射分析技术、X射线吸收精细结构分析技术、X射线成像技术和X射线共聚焦分析技术等方面的应用，展望了毛细管X射线光学器件在安保防恐设备和医疗设备中的应用前景。

感谢应用光学北京市重点实验室建设项目(JD100270543)、教育部科学技术研究重点项目(108125)、北京市自然科学基金(1092013)和高等学校博士学科点专项科研基金(200800271021)的资金支持。感谢李颖和杜晓光同学在书稿准备过程中给予的帮助。

书中不足之处敬请读者批评指正。

作　者

2008年8月

# 目　录

# 1 X 射线光学器件

X 射线光学器件与普通光学元件的制作原理相同，都是利用波的折射、反射、衍射等性质来调控波的传播。但 X 射线和可见光相比，波长短，具有较强的穿透能力，这使得可见光波段的光学器件已无法使用，只能通过其他途径对其进行调控[1]。

## 1.1 X 射线光学器件的发展概况

### 1.1.1 K-B 镜和沃特镜等 X 射线掠入射反射镜

K-B(Kirkpatrick-Baea)镜和沃特(Wolter)镜是比较典型的 X 射线掠入射反射镜。X 射线在掠入射时存在“全反射”现象，X 射线掠入射反射镜就是根据此原理制作的。

K-B 镜是由前后排列的两个曲率半径相同的柱面镜或凹面镜组成，它们的旋转轴相互垂直，其空间分辨率限制在 1 μm 左右，现在该系统还广泛地应用于激光等离子体诊断和 X 射线显微成像系统中。

沃特镜是利用两个共轴的镜面对 X 射线进行连续反射，组合成聚焦成像系统。目前，利用沃特镜进行的生物样品显微成像已达到亚微米的分辨水平。

X 射线掠入射反射镜系统的缺点是：反射面的加工精度要求十分苛刻，系统的体积庞大，聚焦调节困难，使用不便等。

### 1.1.2 X 射线布喇格反射镜

X 射线布喇格反射镜是利用晶体的布喇格衍射原理制成的。利用弯晶会聚 X 射线的高分辨率光谱学的技术研究始于 20 世纪 30 年代，伴随 20 世纪 70 ~ 80 年代晶体材料理论、精密加工技术的发展，晶体会聚 X 射线技术已应用在更广泛的领域。目前，常用球形弯晶会聚 keV 范围的 X 射线，Missalla 等人从理论和实验上对此技术做了详细的讨论[2]。布喇格反射镜能将激光等离子体软 X 射线准直为发散度小于 1 mrad 的光束，同时并使其单色化：$10^{-4} < \Delta\lambda/\lambda < 10^{-2}$。

由布喇格衍射原理可知，布喇格反射镜具有将 X 射线单色化的作用，但 X 射线通量较低。

### 1.1.3 X 射线多层膜反射镜

X 射线多层膜反射镜是利用布喇格原理制成的，又称为“层状合成微结构”反射镜，是由 Spiller 于 1971 年首次研制成功的[3]。从本质上讲，X 射线多层膜是一种具有立体结构的反射光栅，由一系列厚度为 $d_H$ 的高原子序数的重元素和厚度为 $d_L$ 的低原子序数的轻元素交替排列形成的层状微结构。多层膜的特性：与反射镜相比，因为它不是利用“全反射”，掠入射角可以比临界角大，所以在使用上是较方便的；与单晶体元件相比，多层膜的特点是带宽大，因而反射率高，反射后的光通量比较大；因为材料可以选择，$d_H$ 和 $d_L$ 可以人为控制和调整，故可以满足各种要求。目前，在长波长软 X 射线区（$\lambda > 10$ nm），正入射多层膜光学元件的制备工艺日臻成熟，尤其是在波长为 13 nm 波段以上范围内，多层膜反射镜已经完全可以使用。在短波长软 X 射线区（$\lambda < 10$ nm）多层膜的制备方面，由于受到制备技术和材料等方面的限制，进展速度比较缓慢。

多层膜反射镜可以作为准直镜和聚焦镜使用。在高温衍射中，温度大幅度变化会引起试样衍射图的变化，为了解决此问题，Whitfield 采用两块抛物面准直镜来约束光束。1999 年，Gurker 等人采用可弯曲弹性圆柱形多层膜光学聚焦器件与普通 X 射线管配合，研制了台式医用 X 射线 CT 机，其空间分辨率不大于 100 μm，已具有微区 CT 的能力。

### 1.1.4 X 射线波带片

波带片光学器件的思想最早是 1871 年被提出的，Saez 于

1961 年采用自支撑技术首先研制成功了第一个 X 射线菲涅耳波带片[4]。在 X 射线波段,波带片是唯一达到衍射极限的光学器件。波带片分为两种:将入射光会聚为一点的圆形波带片和将入射光会聚为一条线的平行带形波带片。波带片的主要性能指标是焦斑尺寸、焦距和聚焦效率。焦斑尺寸大致与波带片最外圈的宽度 $\Delta R$ 相近;入射波长越短,则焦距越长;入射波长越长,聚焦效率越低。波带片和同步辐射 X 射线源等结合获得微焦斑 X 射线源进行成像实验,可获得目前最好的 X 射线成像分辨率。目前最好的菲涅耳波带片其最外环线宽已经达到 19 nm。最近,J. Pollmann 等人利用金刚石布喇格衍射相位延迟器,将同步辐射的线偏振 X 射线转变为圆偏振光,然后利用菲涅耳波带片将其会聚为 2 μm × 4 μm的微焦斑。在软 X 射线波段,利用波带片技术可将光束会聚为 20 nm 的微焦斑。在硬 X 射线波段,普通 X 射线波带片已不再起作用,硬 X 射线波段的波带片技术,需要采用相位波带片以及迅速发展的布喇格-菲涅耳波带片。1999 年,W. Yun 与 B. Lai 利用他们研制的相位波带片,成功地将 8 keV 的硬 X 射线会聚为 150 nm 的微焦斑。

### 1.1.5　X 射线多层膜光栅

为了提高软 X 射线的衍射强度,20 世纪 80 年代以来,发明了 X 射线多层膜光栅光学器件[5]。多层膜光栅实际上是一种具有特殊结构的光栅,一方面具有普通光栅的周期结构,另一方面,在与上述光栅平面垂直的方向上,又同时具有由不同材料交替形成的周期性多层膜结构。

由于光栅具有高分辨率,而周期性多层膜具有高反射率,所以多层膜光栅可使软 X 射线在大角度入射时,得到高强度高单色性的衍射 X 射线。

### 1.1.6　X 射线折射透镜

X 射线复合折射透镜工作的基本原理是利用 X 射线在物质

中的折射效应。20 世纪 90 年代中期，在毛细管 X 射线光学器件的基础上，Snigirev 等人研制成功 X 射线复合折射透镜[6]，实现了对包括硬 X 射线波段在内的 X 射线进行一维或者二维聚焦。

Snigirev 等人利用铍材料研制的 X 射线复合折射透镜，可将 9.0 keV 的 X 射线束会聚为 2.5 μm 的微焦斑；1998 年，利用 X 射线复合折射透镜，将 30.0 keV 的 X 射线束会聚成半径为 3.7 μm 的点焦斑和 8 μm × 18 μm 的线焦斑。目前，X 射线复合折射透镜主要与准平行的同步辐射配合使用。

X 射线复合折射透镜具有多方面的优越性，与弯曲球面镜相比，球面质量要求不高；X 射线复合折射透镜比普通球面镜更小、更紧凑。

## 1.2 毛细管 X 射线光学器件

利用毛细管 X 射线光学器件进行聚焦或者准直时，可以通过单毛细管或多毛细管束（毛细管透镜）来实现。

### 1.2.1 单毛细管

早在 1931 年，就有人讨论利用 X 射线在毛细管内壁上的全反射来改变 X 射线传播方向，但因制造技术等方面的原因，直到 20 世纪 80 年代才有实用的报道。美国康奈尔大学做的一根长为 1.6 m、粗端和细端直径分别为 470 μm 和 110 μm 的毛细管，此管对 8 keV X 射线的传输效率为 49%。Heald 等人系统地研究了毛细管的长度等参数与毛细管的传输效率等性能之间的关系[7]。毛细管既可聚焦单色 X 射线，又可聚焦多色 X 射线，可聚焦的 X 射线范围为：0.2 ~ 80 keV。单毛细管可以将 X 射线聚焦为亚微米量级的微束。

#### 1.2.1.1 单毛细管性能研究

单毛细管的性能研究有理论模拟和实验研究，至今已经比较成熟。在对它们性能进行理论模拟时，主要是依靠几何光学，利用光线追踪的方法，也有利用蒙特卡罗的方法进行模拟的，由于单管的结构简单，所以这些模拟方法大都能得到较好的结果。在对它们性能进行实验研究时，由于经单毛细管约束的光束强度较低，所以，可以在大能量范围内同时测量单毛细管的传输特性与能量的关系。

1.2.1.2　单毛细管的应用

单毛细管的应用主要集中在微区 X 射线荧光分析上。因为单毛细管的功率密度增益较小，所以，利用单毛细管做微区 X 射线荧光分析时，往往需要和高功率的光源相结合，例如：美国 CHESS、日本 Spring-8、德国 DORIS、欧洲 ESRF 等同步辐射装置都有安装单毛细管 X 射线光学元件的光束线。单毛细管还可应用于衍射等其他 X 射线分析技术中。

### 1.2.2　毛细管 X 光透镜

毛细管 X 光透镜是由多束单毛细管组成的大功率宽波段 X 光聚束系统，这项技术的发明人是俄罗斯科学家 Kumakhov[8]。20 世纪 90 年代以来，X 光透镜的研制和应用开发成了 X 光学的热点。俄罗斯莫斯科 X 光学系统研究所、美国纽约州立大学（Albany 分校）X 光学中心、德国的 IFG 研究所和我国的北京师范大学都在进行这一领域的研究。

1.2.2.1　毛细管 X 光透镜的种类

现在研制开发的毛细管 X 光透镜主要有两类：装配式 X 光透镜和整体 X 光透镜。

装配式 X 光透镜分为装配式会聚透镜和装配式平行束透镜。根据透镜的应用要求，首先设计尺寸合适的圆柱形单导管或六角形复合导管，再设计固定导管的定位板和透镜框架。穿插导管采用手工操作，对导管和透镜零部件的加工精度要求很高，以保证 X 射线的光路和预期目标一致。导管在定位板中的分布如果是均匀的，这可称之为第一代透镜。第二代透镜也是装配式的，除了上述两种导管外，还采用了锥形管等异形管。为了改变照野的分布，可采用导管的非均匀分布，以克服照野中央部分 X 光强度高而边缘

X 光强度低的缺点。

整体 X 光透镜是第三代透镜,它是整体拉制一次成形的整体透镜。这种透镜有明显的优点,这种透镜的导管互相紧密黏结,使各导管中心的间距很小,从而大大提高透镜的占空比,以提高 X 光的强度。透镜可以做得很小巧,因此不但可以据此设计新仪器,而且有可能加到旧仪器上而提高旧仪器性能。整体 X 光透镜大体分为三种:会聚透镜、平行束透镜(半透镜)和微会聚透镜。会聚透镜可以将 X 光源发射的发散 X 光会聚形成微束斑;平行束透镜(半透镜)可以将发散的 X 光束转化为准平行光束,或者反过来,将平行光束或者准平行光束会聚为微束斑;微会聚透镜的性能介于会聚透镜和平行束透镜之间:和会聚透镜相比,微会聚透镜的焦斑直径较大;和平行束透镜相比,微会聚透镜的发散度较大。

单毛细管、装配式透镜和整体毛细管透镜各有千秋。单毛细管器件的优点是焦斑小,但它的功率放大倍数低。在制造装配式会聚透镜时,现有的机械加工工艺和手工穿制透镜技术很难保证会聚的 X 光束斑直径小到 100 μm 以下,因为如果单导管的孔径做得很小时,导管的占空比太小,效率很低,而且薄壁单导管和细的复合管机械强度也不够,此外,从众多管子射出的 X 光束无法保证都严格地照射到同一个点上,然而装配式透镜仍有自己的应用领域,例如制造大面积的 X 光天文望远镜时,整体透镜不能满足要求,大面积的中子透镜也是装配式的。整体会聚透镜能够给出 $\phi = 100$ μm 以下的束斑。虽然整体会聚透镜会聚光束的束斑直径比单管会聚光束的束斑直径大,但前者会聚光束的总光强要强于后者。整体平行束透镜能给出较大面积的准平行光均匀照野,这是单管无法实现的。

#### 1.2.2.2 毛细管 X 光透镜的性能研究

毛细管 X 光透镜是由多根单管或者复合管构成的,它们的结构较复杂,所以对它们的性能研究一直是该领域的热点,因为只有很好地表征毛细管 X 光透镜的性能,才能进一步提高研制它们的技术和更好地利用它们。

有关毛细管 X 光透镜的性能研究，可以分为两类：理论模拟计算和实验研究。

国外对毛细管 X 光光学器件性能进行系统模拟计算的科研团体有：俄罗斯的 Kumakhov 团队、比利时的 Vincze 团队、美国的 C. A. MacDonald 团队和日本的 Furuta 团队。这些理论模拟研究，主要集中在单毛细管和装配式毛细管 X 光透镜上。在进行模拟计算过程中，主要是利用几何光学的性质，然后利用光线追踪的办法，进行模拟的；其次是利用蒙特卡罗的方法从统计的角度进行模拟；还有的也涉及了量子理论，但利用量子理论进行模拟的方法还不成熟。由于单毛细管和装配式毛细管 X 光透镜的形状可以准确知道，因此，对它们的模拟也是较成功的。而整体毛细管 X 光透镜是由 30 万根左右的单毛细管一次拉成的，它的几何结构和内部孔径的空间变化是很复杂的，很难准确判断和描述，这对拟合带来了致命的困难。

为了克服上述困难，本书在实验数据的基础上，通过建立有关透镜传输效率的数学模型，研究了透镜的传输性能。

对于装配式透镜，构成它的单毛细管或者复合管的空间结构较容易确定，这为理论模拟它的性质提供了一定的方便，但由于装配式平行束透镜具有大的束斑面积，在实验研究它的性能时，会受到探测器探测面积的限制，因此，实验测量装配式平行束透镜的总传输效率是很困难的。对于装配式会聚透镜，虽然一般的正比计数管、闪烁探测器和能量分辨探测器的探测面积能满足要求，但往往会受到探测器探测死时间的限制，所以，在大能量范围内同时测量装配式会聚透镜的传输特性时，困难也是很大的。

对于整体 X 光透镜，由于经它会聚的 X 光束的强度高，因此要在大能量范围内同时测量它的传输特点是很困难的。为了解决上述测量难题，科研工作者前后设计了几种方法：次级靶法、小孔扫描法和弹性散射法来降低进入探测器的 X 射线强度，但次级靶法的测量结果准确度低；小孔扫描法由于受到小孔尺寸的影响，它只能在较小的能量范围内同时测量透镜在各能量点的性能；在利用弹性散射法测量透镜性能时，为了提高散射光束中弹性散射的比例，探测器要放在小角度进行测量，这样，从透镜出来的X光很容易不经过散射体而直接进入探测器，这给实验带来了不便。总之，上述每种方法都存在各自的缺点。

为了克服上述测量装配式透镜和整体透镜性能过程中遇到的困难，结合我们实验室条件，设计了测量毛细管X光透镜性能的几种新方法：全波段X射线能谱法、背散射法和轴向扫描法。

#### 1.2.2.3 毛细管X光透镜的应用

毛细管X射线光学器件的应用很广泛[9]，但主要集中在微区X射线荧光分析技术中，现在国际上已经有多种商业化的基于毛细管X射线光学器件的微区X射线荧光分析设备，这些设备中，有大型的实验室设备，也有小型的现场分析设备。由于毛细管X射线光学器件去掉了初始X射线的高能部分，又由于微束斑减少了周围物质的散射本底，从而大大提高了信号本底比、扩展了谱仪的探测极限。利用整体X光透镜进行微区X射线荧光分析时，设计方案大体有下面几种：单独在光源前添加一个整体X光会聚透镜；或者单独在探测器前添加一个整体平行束X光透镜；也可以是上述两者的结合。探测器可以是能量分辨探测器，空间分辨探测器，或位置灵敏探测器等。国内外在利用整体X光透镜进行微区X射线荧光分析中，一维和二维的微区扫描分析比较成熟，三维扫描分析也在开展中。国内基于毛细管X光透镜的二维扫描，在方法学研究方面是很成熟的，现在正向着实际应用方面发展。

将毛细管X光光学器件应用于衍射分析的研究也较多。研究初期，纽约州立大学X光学中心 Ullrich 等人发表了他们将平行束透镜应用于衍射的初步成果[10]，他们的结果是：对于Cu的$K_\alpha$线，功率密度增益为34。有人研究了将平行束透镜应用于衍射仪的情况[11]，采用平行束X光透镜的X光衍射仪与常规XRD分析仪相比，取消了约束入射X光和衍射X光的狭缝系统，取而代之的是平行束透镜，其中靠近光源的平行束透镜将X光源发出的发散光会聚成准平行光，该光束打到样品上产生衍射光，平行的衍射光为平行束透镜所收集，再打到探测器上被记录下来。由于，平行束透镜具有会聚 X 光的性能，所以，这种新型衍射仪的入射光强度增加了，同时，由于平行束透镜会聚光束具有较小的发散度，所以提高了打到样品上的 X 光的平行度，从而提高了角分辨率。

毛细管 X 光光学器件在 X 射线吸收精细结构分析技术和能量色散衍射分析技术中有着较为广泛的应用。近年来毛细管 X 光光学器件在共聚焦 X 射线分析技术中的应用成为该领域的热点之一[12,13]。

利用微焦斑光源发出的连续谱进行位相成像是当今 X 射线成像的热点。整体会聚 X 射线透镜在位相成像中有着潜在应用价值。利用整体会聚 X 光透镜会聚来自大焦斑光源的 X 光，产生 20 μm 左右的微焦斑，然后再利用该微焦斑进行位相成像，可以看到样品的图像有明显的边缘加强现象，与微聚焦光源上拍摄的位相成像图像基本相同，因此整体会聚 X 光透镜可以应用于同轴 X 光位相成像，但在利用整体会聚 X 透镜进行位相成像时，会带来比较强的背底，如果不消除该背底，则会影响图像的质量。

在基础研究领域和一些产业部门，如材料、冶金、地矿、纺织、半导体、生物工程等，X 光分析是一项重要的技术手段，X 光透镜在这些领域有很好的应用前景。

总之，毛细管 X 射线光学器件的研制、应用和性能研究是相辅相成的。实际的应用需要促使整体 X 光透镜向着高能方向发展，对会聚透镜来说，如何减小焦斑的直径，备受关注，对于平行束透镜，如何拉制具有线形束斑的整体平行束透镜和如何提高现有平行束透镜准平行光束的功率密度是以后发展的重点，要想顺利地开展上面提到的这些提高透镜性能的工作，必须对现有透镜的性能有一个客观准确的表征，以便更加完善透镜的研制工艺，从而进一步扩大透镜的应用范围[12]。

## 1.3　毛细管 X 射线光学器件的基本理论

X 光导管是内表面非常光滑的空心管子，它利用 X 光在导管内壁掠射时的多次外全反射来实现对 X 光的调控和高效率传输。X 光透镜是由大量 X 光导管组合而成的。因此，导管 X 光学的研究是 X 光透镜设计、研制和应用开发的基础[9,12,13]。

### 1.3.1 X 射线的全反射

早在 20 世纪 20 年代康普顿就对 X 射线的反射和折射进行过系统的研究。作为电磁波，X 射线在界面上的反射和折射可用菲涅耳公式描述。设 X 光在真空和理想平滑的介质界面上反射，有

$$\frac{E_{rs}}{E_{is}}=\frac{\cos\vartheta'-\sqrt{\varepsilon-\sin^2\theta'}}{\cos\vartheta'+\sqrt{\varepsilon-\sin^2\theta'}},\frac{E_{rp}}{E_{ip}}=\frac{\varepsilon\cos\theta'-\sqrt{\varepsilon-\sin^2\theta'}}{\varepsilon\cos\theta'+\sqrt{\varepsilon-\sin^2\theta'}} \tag{1-1}$$

式中 $E_{rp}, E_{rs}$——极化方向平行于反射面（p）和垂直于反射面（s）的反射 X 光波幅度；

$E_{ip}, E_{is}$——相应的 p 极化和 s 极化的入射 X 光波的幅度；

$\varepsilon$——介质的相对介电常数（真空的介电常数为 1）；

$\theta'$——入射角。

1.3.1.1 折射系数

X 光在均匀介质中的折射系数通常表示为：

$$n=\sqrt{\varepsilon}=\sqrt{1-\alpha-\mathrm{i}\gamma}=1-\delta-\mathrm{i}\beta \tag{1-2}$$

式中 $\alpha,\delta$——实数，分别描述介质的极化特性；

$\gamma,\beta$——实数，分别描述介质的吸收。

X 射线的反常散射和色散理论给出了上述各量和原子散射因子的关系：

$$\delta\approx\frac{\alpha}{2}=\frac{\lambda^2\mathrm{e}^2Nf_1(E)}{2\pi mc^2}=\frac{r_e\lambda^2Nf_1(E)}{2\pi} \tag{1-3}$$

$$\beta\approx\frac{\gamma}{2}=\frac{r_e\lambda^2Nf_2(E)}{2\pi} \tag{1-4}$$

式中 $r_e$——电子的经典半径；

$N$——原子密度；

$\lambda$——X 光波长，Å（1 Å = 0.1 nm）。

而 $f(E)$ 为原子散射因子：

$$f(E)=f_1(E)+\mathrm{i}f_2(E) \tag{1-5}$$

1.3.1.2 反射系数

由于所有物质的X光反射系数都非常小,只有在近表面以很小的角度入射(掠射)时,X光才有吸收很小的反射,所以菲涅耳公式用掠射角描述更方便。掠射角 $\theta=\pi/2-\theta'$,此时,式1-1变为:

$$\frac{E_{\mathrm{rs}}}{E_{\mathrm{is}}}=\frac{\sin\theta-\sqrt{\varepsilon-\cos^2\theta}}{\sin\theta+\sqrt{\varepsilon-\cos^2\theta}},\frac{E_{\mathrm{rp}}}{E_{\mathrm{ip}}}=\frac{\varepsilon\sin\theta-\sqrt{\varepsilon-\cos^2\theta}}{\varepsilon\sin\theta+\sqrt{\varepsilon-\cos^2\theta}} \tag{1-6}$$

反射系数定义为:

$$R_{\mathrm{s}}=\left|\frac{E_{\mathrm{rs}}}{E_{\mathrm{is}}}\right|^2,R_{\mathrm{p}}=\left|\frac{E_{\mathrm{rp}}}{E_{\mathrm{ip}}}\right|^2 \tag{1-7}$$

将式1-2和式1-6代入式1-7得

$$R_{\mathrm{s}}=\frac{(a-\sin\theta)^2+b^2}{(a+\sin\theta)^2+b^2},R_{\mathrm{p}}=R_{\mathrm{s}}\frac{(a-\cos\theta\cot\theta)^2+b^2}{(a+\cos\theta\cot\theta)^2+b^2} \tag{1-8}$$

其中

$$a=\frac{1}{\sqrt{2}}\sqrt{\sqrt{(\sin^2\theta-\alpha)^2+\gamma^2}+(\sin^2\theta-\alpha)}$$

$$b=\frac{1}{\sqrt{2}}\sqrt{\sqrt{(\sin^2\theta-\alpha)^2+\gamma^2}-(\sin^2\theta-\alpha)} \tag{1-9}$$

由式1-8可以看出,当掠射角很小时,$R_{\mathrm{p}}\approx R_{\mathrm{s}}$。对于 $\lambda\approx1$ nm的波段和在X光导管收集的角度范围内,$R_{\mathrm{p}}$ 和 $R_{\mathrm{s}}$ 的差别在0.1%以下,远小于反射系数的测量精度,所以可以忽略X光的极化,用式1-8中第一式计算反射系数,用 $R$ 表示。

1.3.1.3 全反射条件

与普通光学一样,X光学也存在全反射现象,所不同的是X光的折射系数恒小于1,因此在从真空到光密介质的界面上才有全反射,称为外全反射。全反射现象只有在掠射角小于临界角时才发生,对于介电常数为 $\varepsilon$ 的介质,其外全反射的临界角 $\theta_{\mathrm{c}}$ 由式1-6可知:

$$\cos^2\theta_{\mathrm{c}}=\varepsilon=n^2 \tag{1-10}$$

考虑到发生全反射时介质对 X 光的吸收很小，所以式 1-2 中的 $\gamma$ 为零，同时由于 $\theta_c$ 非常小，所以，$\theta_c$ 的正弦值近似等于 $\theta_c$，于是，由式 1-10 和式 1-2 可得：

$$\sin\theta_c \approx \theta_c \approx \sqrt{\alpha} \tag{1-11}$$

对于给定的介质，临界角 $\theta_c$ 与 X 光的能量成反比。只有 X 光以小于 $\theta_c$ 的角度掠入射时，X 光才有较大的反射系数。如果没有吸收，则 $\theta \leqslant \theta_c$ 时，反射系数 $R = 1$；$\theta > \theta_c$ 时，$R = 0$。但是，所有的介质都对 X 光有吸收，因此，$R$ 在 $\theta_c$ 附近有较平滑的变化，吸收越大，变化越平缓。

1.3.1.4　粗糙度

前面介绍的只是理想平滑表面反射的情况，实际上这种表面是不存在的。表面总有一定的粗糙度，它能引起 X 光漫散射（散射角大于或小于相应的入射角）以及透入表面内，从而降低了 X 光在界面上的反射系数。近年来有不少文章分析了粗糙度对 X 射线反射的影响。最简单的考虑是认为界面为一平面，平面上的各散射中心相对于平面有随机的位移，垂直于平面方向位移均方差 $\sigma^2$ 为表面粗糙度特征量。此时可参考 Debye 关于晶格中心热运动对衍射的影响的处理方法，在反射系数公式式 1-6 和式 1-8 的右侧乘以一个指数衰减因子而变为：

$$R = \frac{\sin\theta - \sqrt{\varepsilon - \cos^2\theta}}{\sin\theta + \sqrt{\varepsilon - \cos^2\theta}} \mathrm{e}^{-\left(\frac{4\pi\sigma\sin\theta}{\lambda}\right)^2} \tag{1-12}$$

或

$$R = \frac{(a - \sin\theta)^2 + b^2}{(a + \sin\theta)^2 + b^2} \mathrm{e}^{-\left(\frac{4\pi\sigma\sin\theta}{\lambda}\right)^2} \tag{1-13}$$

由式 1-12 和式 1-13 可以看出，当能量增大时，波长 $\lambda$ 减小，因而 $\mathrm{e}^{-\left(\frac{4\pi\sigma\sin\theta}{\lambda}\right)^2}$ 减小，所以，能量越高，粗糙度的影响就越大。

### 1.3.2　X 射线在毛细光导管中的传输理论

用全反射效应制作 X 光导管的最早的想法出现于 1951 年。

X 射线从导管的一端进入，通过多次全反射高效率地传输到另一端。这样就可以提高 X 光的功率密度。如果所用的是弯导管并保持 X 光的全反射条件，则可以改变 X 光传播方向，这样就提供了 X 射线束使用的灵活性。

最容易制造也研究得最多的是圆柱形玻璃单导管的传输效率。X 光在导管中的传播如图 1-1 所示。

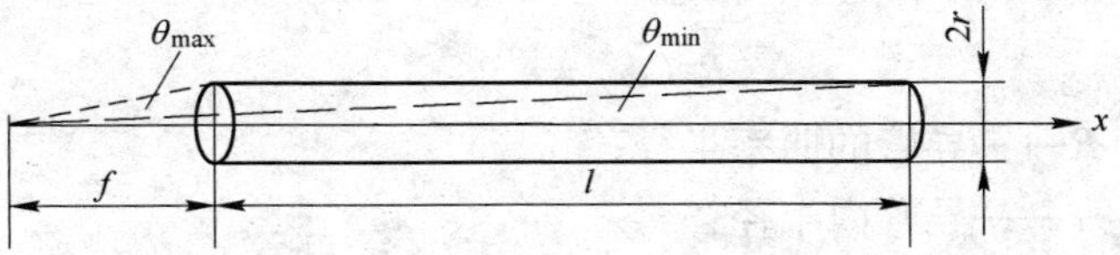


图 1-1　X 光在圆柱形直导管中的传播

导管传输效率可以用几何光学方法计算。直导管效率计算如图 1-1 所示，入射 X 光的掠射角 $\theta$ 的范围为 $0° \sim \theta_{max}$，其中在导管内壁上有反射的 $\theta$ 角范围为 $\theta_{min} \sim \theta_{max}$。

设传输效率为 $\eta$，则导管的传输效率为

$$\eta = \frac{\int_{\theta_{min}}^{\theta_{max}} [R(\theta)]^{N(\theta)} \sin\theta d\theta + \int_0^{\theta_{min}} \sin\theta d\theta}{\int_0^{\theta_{max}} \sin\theta d\theta} \tag{1-14}$$

入射角很小时，

$$\sin\theta \approx \theta, \theta_{min} \approx r/(f+l), \theta_{max} \approx r/f \tag{1-15}$$

则

$$\eta \approx 2\left(\frac{f}{r}\right)^2 \int_{r/(f+l)}^{r/f} [R(\theta)]^{N(\theta)} \theta d\theta + \left(\frac{f}{f+l}\right)^2 \tag{1-16}$$

式中　$N(\theta)$——以角掠射的 X 光反射的次数。

$R(\theta)$的表达式可用式 1-9 或式 1-10，也可以近似用式 1-17：

$$R(\theta) = (1 - 2\gamma/(\theta_c^2 \sqrt{(\theta_c/\theta)^2 - 1}))e^{-\frac{(4\pi\sigma\sin\theta)^2}{\lambda^2}} \tag{1-17}$$

严格的点光源和面光源的导管效率传输以及出射束的强度分布和角发散度等可用数值积分方法得到。

Kumakhov 等人对平行束入射的 X 光在圆弯管中的传输效率

做了简化计算[8]。他们把传输效率分为2个因子,即X光掠射时被导管俘获并产生全反射的几何效率 $\zeta$ 和而后多次反射时光强因管壁吸收而减弱的因子 $R_1(\phi)$。

$$\zeta=\begin{cases}1(k\geqslant 1)\\ \dfrac{1}{\pi}\left[\pi-2\varphi-\sin 2\varphi+4k\ln\dfrac{1+\tan(\varphi/2)}{1-\tan(\varphi/2)}\right](k<1)\end{cases}\tag{1-18}$$

式中　$k=R\theta_c^2/4r$, $\varphi=\arccos k^{1/3}$

$$R_1(\phi)=e^{-\gamma\alpha^{3/2}\phi}\tag{1-19}$$

式中　$R$——导管的曲率半径;

$r$——导管内半径;

$\phi$——导管的转角。

严格的效率计算同样可用数值积分得到,计算要用到几何光学和微分几何。

Q. F. Xiao 等人参照经典加速粒子在壁上碰撞的过程将X光在导管内的运动轨迹简化为二维的计算。这在导管内径大大小于导管曲率半径,而X光束近似平行于导管轴时是合理的。此时可大大简化计算过程。反射率中用了菲涅耳公式并考虑了表面粗糙度及其关联长度以及漫散射的影响。他们做了大量的计算并得到了和实验较符合的结果。弯管的计算在透镜的设计中是很重要的,它牵涉到透镜外层究竟取多少根导管还对X光传输有显著的作用,这和透镜的成本密切相关。

### 1.3.3　多毛细管X光透镜理论

以整体会聚透镜为例来说明整体透镜理论[8,13]。

整体会聚X光透镜中央的导管是直的,所有其他外层弯曲导管整齐地并排在中心导管周围,周围各层是同中心的。每层内的导管的曲率都是相同的,离中心越远的层,导管的曲率越大,从而使所有导管的输入端和输出端均指向同一点,即透镜的前焦点和后焦点。X射线源置于前焦点处,在后焦点处实现X射线的会聚,相应的入口端和出口端焦距分别记为 $f_1$ 和 $f_2$,如图1-2所示,$f_1$

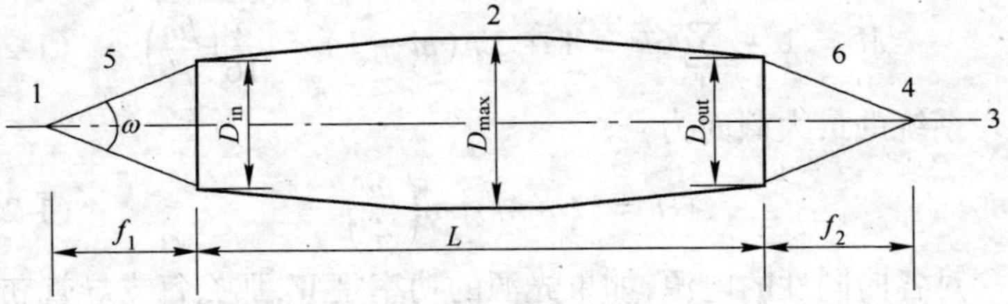


图 1-2　会聚透镜的主体结构示意图

1—X 光源；2—透镜；3—透镜光轴；4—焦斑；

5—被捕获的 X 射线；6—聚束 X 射线

和 $f_2$ 可以不同。

为了简化讨论，假设所研究的系统是对称系统（$f_1=f_2=f$），并且所有这些导管的两端分别处于以前、后焦点为球心，以 $f$ 为半径的球面上。设导管的内、外半径分别为 $r$、$r'$，透镜的长度为 $L$。导管的层数从中心开始（中央直导管除外）以此记为 1，2，3，…，$k$，…。则透镜中最外层导管使射线偏的角度为图中所示的 $\omega$ 角。对第 $k$ 层，有

$$\omega_k=(4r'/f)k \tag{1-20}$$

第 $k$ 层中导管的长度为

$$L_k\approx\omega_k\left[\frac{L}{2\sin\left(\dfrac{\omega_k}{2}\right)}+f\cdot\tan\left(\frac{\omega_k}{4}\right)\right] \tag{1-21}$$

弯曲的曲率半径为

$$R_k\approx\frac{L}{2\sin\left(\dfrac{\omega_k}{2}\right)}+f\cdot\tan\left(\frac{\omega_k}{4}\right) \tag{1-22}$$

透镜中导管的总层数 $m$ 取决于透镜整体的俘获角 $\omega$，由式 1-20可得

$$m=\frac{\omega}{\dfrac{4r'}{f}}=\frac{f\omega}{4r'} \tag{1-23}$$

透镜中第 $k$ 层包含的导管数为 $6k$，因此透镜中导管的总数为

$$M = 1 + \sum_{1}^{m} 6k = 1 + 3m(m+1) \approx \frac{3}{16}\left(\frac{f\omega}{r'}\right)^2 \quad (1\text{-}24)$$

系统的最大截面为

$$h = (L + 4f)\tan\left(\frac{\omega}{4}\right) \quad (1\text{-}25)$$

对各向同性的电源，如果光源的功率是 $W$，那么每支导管获得的功率是

$$W_0 = \frac{1}{4}W\left(\frac{r}{f}\right)^2 \quad (1\text{-}26)$$

于是透镜的输入端获得的功率

$$MW_0 \approx \frac{3W}{64}\left(\frac{\omega r}{r'}\right)^2 \quad (1\text{-}27)$$

在输出端将获得功率

$$W_{out} \approx \eta\frac{3W}{64}\left(\frac{\omega r}{r'}\right)^2 \quad (1\text{-}28)$$

其中，$\eta$ 是系统的传输效率，考虑了导管的辐射衰减。通过透镜的 X 射线会聚于一点，即后焦点。其大小由射线离开每支导管后的发散角 $\theta$ 决定。很显然，$\theta$ 不超过临界角 $\theta_c$。焦斑的半径为 $r + f\theta$，能量密度为

$$\rho \approx \frac{3\eta W}{64\pi}\left(\frac{r}{r'}\right)^2\left(\frac{\omega}{r + f\theta}\right) \quad (1\text{-}29)$$

由式 1-29 可见，对给定的 $r$ 和 $r'$，当 $\omega$ 增大，$f$ 减小时，系统的效率会提高。但由于实验设计的原因，$f$ 值不能太小；由于弯管中强烈地吸收，$\omega$ 也不能太大。圆柱形导管和弯导管的传输效率计算在 1.3.2 节中已经讲述过，因此可得透镜的传输效率为：

$$\eta = \frac{1}{M}\sum_{k=1}^{m} 6k\eta_k \quad (1\text{-}30)$$

### 1.3.4 多毛细管 X 光透镜的描述

下面分别讨论会聚透镜和整体平行束透镜的描述[12~14]。

1.3.4.1 会聚透镜

图 1-2 给出了会聚透镜的主体结构。5 是由 X 射线源 1 出射

并为透镜2捕获得的X射线,其捕获角为$\omega$。X射线在透镜内传播,部分被透镜壁吸收,部分穿出透镜。剩余部分X射线6由透镜会聚后形成焦斑4。3为X光透镜的光轴。会聚透镜的几何参量有:入口端焦距$f_1$(X光源离透镜入口端的距离),出口端焦距$f_2$(透镜出口端到焦斑处的距离),X光透镜长度$L$,透镜入口端大小$D_{in}$,出口端大小$D_{out}$,最大尺寸$D_{max}$(对圆透镜为其直径,对多边形透镜为其对边距离),透镜对X光出射的X光源的收集角为$\omega$。会聚透镜的物理参量有:传输效率、焦斑的大小、功率密度放大倍数、等效距离和占空比。

1.3.4.2　整体平行束X光透镜(半透镜)

平行束X光透镜的主体结构如图1-3所示,它和会聚透镜的区别在于透镜后半部分的X光通道是相互平行且平行于X光轴的,从而出射的X光形成准平行束。描述平行束X光透镜的几何参量有:入口端焦距$f_1$,入口端大小$D_{in}$,出口端大小$D_{out}$,透镜长度$L$,透镜入口对X光的收集角$\omega$,出口端对出射X光的最大角发散度$\theta_{max}$。描述平行束X光透镜的物理参量有:传输效率,照野面积(视场面积),功率密度放大倍数,照野均匀度,角发散度,平行束透镜的增益因子和占空比。

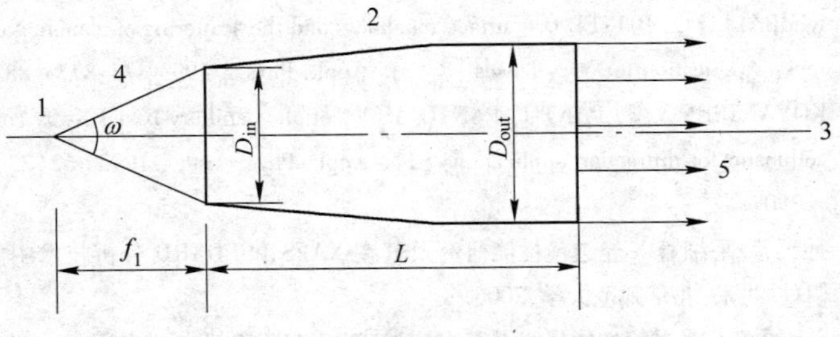


图1-3　平行束X光透镜的主体结构示意图

1—X光源;2—透镜;3—透镜光轴;4—入射透镜的X光;5—自透镜出射的X射线

# 参考文献


[1] 王凯歌. 微束斑 X 射线源的理论和实验研究 [D]. 西安:中国科学院西安光学精密机械研究所,2002.

[2] MISSALLA T, USCHMANN I, JENKE G, et al. Monochromatic focusing of subpicosecond X-ray pulses in the keV range [J]. Rev. Sci. Instrum., 1999, 70(2):1288~1299.

[3] SPILLER E. Low loss reflection coating using absorbing material [J]. Appl. Phys. Lett., 1972, 20(1):365~371.

[4] CASTANEDA J O, RAMIRES G. Zone plates for zero axial irradiance [J]. Opt. Lett., 1993, 2(10):97~89.

[5] KIM D Y. Laser-induced holographic surface relief grating on nonlinear optical polymer films [J]. Appl. Phys. Lett., 1995, 66(9):1166~1169.

[6] CREMER J T, PIESTRUP M A, PANTELL R H, et al. Cylindrical compound refractive X-ray lenses using plastic substrates [J]. Rev. Sci. Instrum., 1999, 70(9):3545~3548.

[7] HEALD S M. Micro-XAS using tapered capillary concentrating optics. The 19th Conference of X-ray Absorption Fine Structure. Berlin:28th Aug-2nd Sep,1996.

[8] KUMAKHOV K M, KOMAROV F F. Multiple reflection from surface X-ray optics [J]. Phys. Rep., 1990, 191(5):289~350.

[9] 颜一鸣,刘安东. 导管 X 光学和 X 聚束系统 [J]. 北京师范大学学报,1995, 31(增刊):1~14.

[10] KIMBALL J C, BITTEL D. Surface roughness and the scattering of glancing-angle X-rays: Application to X-ray lenses [J]. J. Appl. Phys., 1993, 74:877~883.

[11] KOVANTSEV V E, PANT J, PANTOJAS V, et al. Capillary-based X-ray collector/collimator for diffraction applications [J]. Appl. Phys. Lett., 1993, 62(23):2905~2907.

[12] 孙天希. 毛细管 X 光透镜性能研究及其在 XAFS 和 EDXRD 分析技术中的应用 [D]. 北京:北京师范大学,2006.

[13] 孙天希. X 光透镜性能研究及其在实验室 EXAFS 谱仪中的应用[D]. 北京:北京师范大学,2003.

[14] 王大椿,颜一鸣,赫业军,等. X 光透镜及其应用 [J]. 大学物理,1998, 17(10):1~5.

# 2 毛细管 X 射线光学器件性能表征

由于毛细管 X 射线光学器件是一种新型的光学器件,所以其性能的表征受到设计者和使用者的高度重视。

## 2.1 测量毛细管 X 射线光学器件的实验装置

为了表征毛细管 X 射线光学器件的性能,本书设计了整体透镜测试系统[1]。由于探测系统的设置是常规的办法,所以这里不再描述,下面仅就本系统的构成和调试技巧做简单的介绍。

探测系统如图 2-1 所示,探测系统包括:3 个三维调试架、2 个五维调试架、氦氖激光器、光导轨、X 射线光源、探测系统、刀口。其他的辅助设备还有:X 射线荧光转换增强器、CCD、摄像头、透镜套、透镜防护板、钨粉做的油泥、射线防护板。

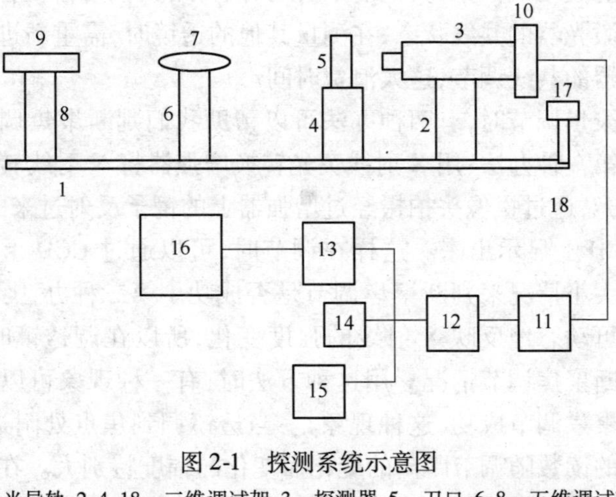


图 2-1 探测系统示意图

1—光导轨;2,4,18—三维调试架;3—探测器;5—刀口;6,8—五维调试架;
7—透镜;9—光源;10—前置放大器;11—主放大器;
12—脉冲高度分析器;13—多道分析器;14—计数率计;
15—定标器;16—计算机;17—激光器

### 2.1.1 毛细管 X 射线光学器件调试技巧

针对新设计的毛细管 X 射线光学器件测试系统，下面介绍其调节技巧。

首先进行仪器的共线调节，在不放透镜、刀口和探测器的情况下，先调整光源和激光器，让光源中心线和激光器光束的中心线共线。在调节时，是通过沿导轨移动放有光源的五维调试架，在移动过程中观察激光器光点在光源上的位置是否移动，若光点不移动，说明光源和激光器共线调节成功。然后再放上要测量的透镜，此时，不要动光源和激光器，调节支持透镜的五维调试架，通过观察激光光点的情况，将透镜和光源以及激光器调到共线状态。到此为止，三者共线调节完毕。

然后再进行毛细管 X 射线光学器件的聚焦调节。X 射线透镜是精密光学器件，需要仔细聚焦调节。在聚焦调节时，只调节支持透镜的五维调试架，其他的不要动，因为动其他的会很容易破坏光源和激光器的共线状态，在测量其他的透镜时，需重新进行光源和激光器的共线调节，这太浪费时间。

在聚焦调节时，有两种办法可以帮助我们判断聚焦调节是否成功。第一种办法：用 X 射线荧光转换增强器将 X 射线转换为可见的荧光，通过摄像头拍摄经过增强器上的镜子反射过来的荧光，并在 CCD 上显示出来。这样在调节时，可以通过 CCD 上的荧光光点的大小情况来判断聚焦调节是否成功。第二种办法：由于计数率计可动态地反映 X 射线的强度变化，所以在调透镜时，可以用来判断聚焦调节情况。用这种方法时，有一种现象可以用来判断透镜聚焦调节成功，这种现象是：当透镜调到焦点处附近时，计数率计的读数随调节距离的变化而变化的幅度特别大。在焦点附近仔细调节，调到计数率计的读数最大，此时标志聚焦调节完毕。两种办法相比，第一种方法对平行光透镜的测量更方便一些，这是因为平行光透镜只有入口端焦距，X 射线荧光转换增强器所放的位置对调节过程影响不大。测量会聚透镜时，第二种方法更为方便,这是因为会聚透镜有入口端焦距和出口端焦距,此时若再用第一种办法,X 射线荧光转换增强器所放的位置应该是在出口端焦距的附近,而出口端焦距在测量之前是不知道的,所以会给聚焦调节带来麻烦。

### 2.1.2 毛细管 X 射线光学器件测试系统的使用说明

此处设计的透镜测试系统配有透镜套,因为透镜先放在透镜套里,然后再把透镜套放在五维调试架上,透镜套用于放较长的透镜。而对于较短的透镜,专门设计了透镜防护板,直接把透镜放在透镜防护板上,用钨粉做的油泥密封透镜周围以防 X 射线不经过透镜而直接进入探测器,然后将透镜防护板放在五维调试架上进行测量。

此处设计的测试系统由于用了很多多维调试架,所以共线调节和透镜聚焦调节都很方便,同时此测量系统具有很高的稳定性,在测量不同透镜聚焦时,聚焦调节很容易调节成功。

具体的测量过程较成熟,不再描述。对透镜测量方法的改进和补充,请看下面有关部分。

## 2.2 利用轴向扫描法测量毛细管 X 射线光学器件的性能

测量整体 X 光透镜焦斑大小和出口焦距时,最常用的方法是刀口扫描法:刀口沿垂直于光束的方向扫描,可得探测器记数的积分分布曲线,再进行微分,得到束斑的径向功率密度分布的微分分布曲线,该曲线大致为 Gaussian 分布曲线,其半峰全宽(full width at half maximum,FWHM)即为束斑的直径大小。具有最小直径的束斑定义为透镜的焦斑,透镜出口端和透镜焦斑位置处之间的距离定义为透镜的出口焦距。众所周知,利用现有刀口扫描法确定透镜焦斑所在位置是很费时的,因为它需要测量很多束斑的直径,通过对比它们的大小,进而确定焦斑位置。另外,如图 2-2 所示,当透镜会聚光束的中心线和安放刀口的水平导轨不平行时,刀口

扫描的结果为线段 $AB$ 的大小,并不是焦斑直径 $CD$ 的大小,即测量结果比实际值要大。

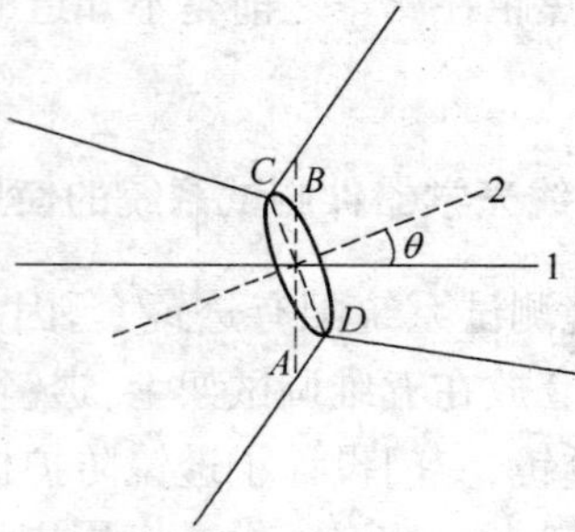


图 2-2　透镜会聚光束示意图

1—平行于水平导轨的直线;2—会聚光束的中心线

透镜的出口焦距和 X 光的能量有关。当用透镜来会聚一定范围内的 X 射线的连续谱时,准确测量透镜出口焦距随能量的变化关系便于确定实验方案。在大能量范围内同时测量透镜在不同能量点的出口焦距时,由于会聚透镜出口焦距随能量的变化不明显,同时由于探测系统存在死时间问题,所以,现有的测量方法很难奏效。

本节主要讨论如何利用轴向扫描法确定透镜焦斑位置[2];在此基础上,研究透镜出口焦距与能量的关系。

### 2.2.1　轴向扫描法

为了讨论方便,分两种情况说明如何利用轴向扫描法确定透镜焦斑位置。

当透镜会聚光束的中心线与水平导轨平行时,称透镜处在理想状态。可用下面的方法来判断透镜是否处在理想状态。

如图 2-3 所示,当刀口沿水平导轨的方向扫描时,刀口处在离透镜出口端不同距离处,刀口挡住的 X 光的光通量不同,所以,探测器探测到的 X 光的光通量也不同。图 2-4 是探测器计数变化曲线。刀口从位置 1 和位置 2 分别沿导轨方向扫描,得到两条相应的探测器计数变化曲线图,两条曲线图的峰点对应的横坐标如果相同,则称透镜处在理想状态,反之,透镜处在非理想状态。

当透镜处在理想状态时,图 2-4 所示的峰点 $A$ 的位置即为透镜的焦斑位置,从而可得到透镜的出口焦距。刀口在焦斑位置处沿垂直于光束的方向扫描,可得到透镜焦斑直径的大小。

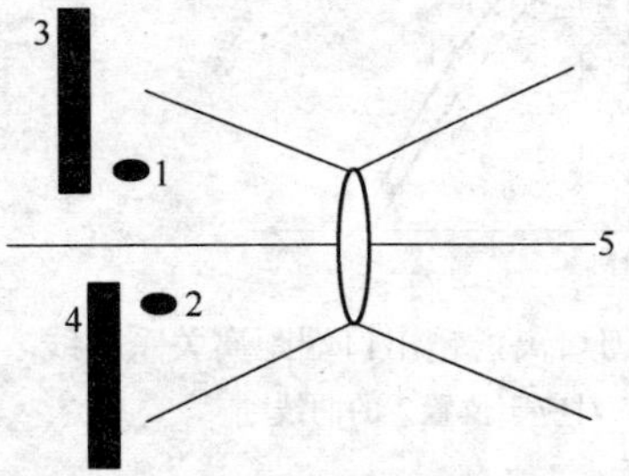


图 2-3 刀口扫描透镜会聚光束示意图

1,2—扫描起点;3,4—刀口;

5—平行于水平导轨的直线

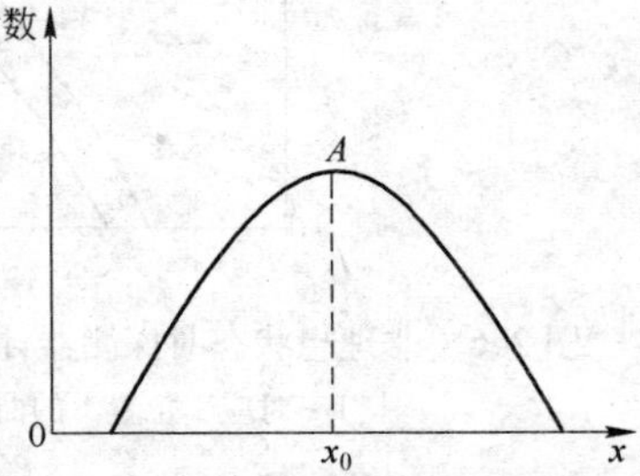


图 2-4 探测器计数和刀口离透镜出口端距离关系曲线

透镜会聚光束的中心线不与水平导轨平行时,称透镜处在非理想状态。当透镜处在非理想状态时,可用下面的方法来确定透镜的焦斑位置。如图 2-5 所示,刀口分别从位置 1 和位置 2 沿导

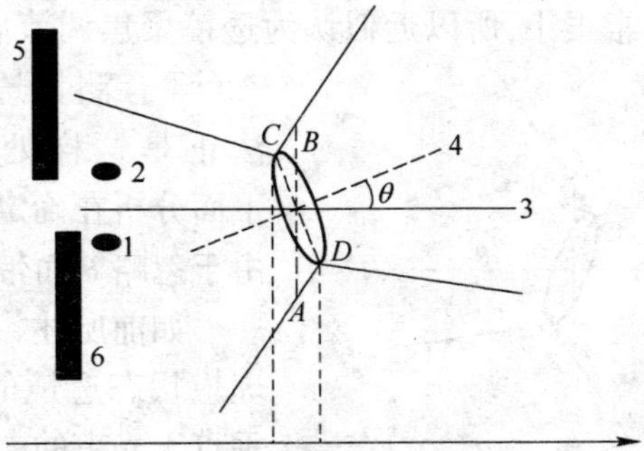


图 2-5 非理想状态时刀口扫描透镜会聚光束示意图

1,2—扫描起点;3—平行于水平导轨的直线;

4—光束中心线;5,6—刀口

轨方向扫描,得到如图 2-6 所示的探测器计数曲线图。在图2-6中,$a$ 和 $b$ 分别为曲线 1 和曲线 2 的峰点。$c$ 为线段 $ab$ 的中点。$c$ 点位置即为透镜焦斑位置。

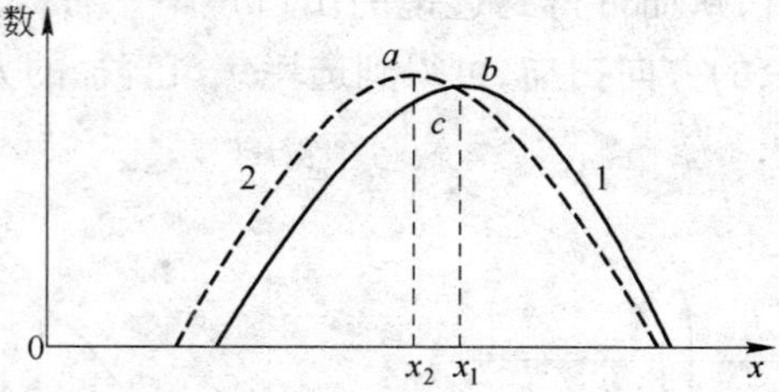


图 2-6 非理想状态时探测器计数和刀口离透镜出口端距离关系曲线
1—对应于位置 1 的曲线;2—对应于位置 2 的曲线

实验结果表明:透镜聚焦调节结束后,$\theta$ 的变化范围一般在 $-1.3° \sim 1.3°$之间。所以除非有特殊要求,可以认为聚焦调节后的透镜处在理想状态,即忽略 $\theta$。忽略 $\theta$ 后,在利用轴向扫描法确定焦斑位置时,可利用合适的狭缝或者小孔来代替刀口进行轴向扫描。与现有常用的刀口扫描法的测量结果相比,利用狭缝或者针孔进行轴向扫描测量透镜出口焦距的绝对误差范围在 $-120 \sim 120$ μm之间。

由于 $\theta$ 通常很小,所以近似认为透镜聚焦调节后处在理想状态(现有测量透镜性能的方法正是这样处理问题的)。下面分析在确定焦斑大小时,由于忽略 $\theta$ 而带来的误差。

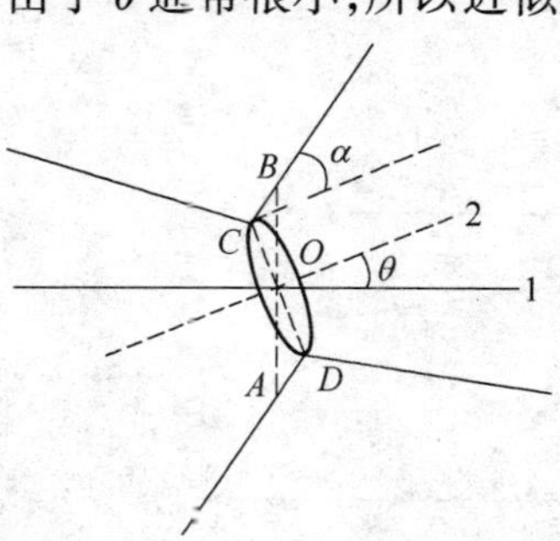


图 2-7 会聚光束几何参量示意图
1—平行于水平导轨的直线;
2—会聚光束的中心线

如前所述,刀口在处于非理想状态透镜的焦斑位置沿垂直于光束的方向扫描时,扫描结果是图 2-7 中 $AB$ 的大小,并非焦斑直径 $CD$ 的大小。

如图 2-7 所示，$\angle OCB$ 和 $\angle COB$ 的大小分别为 $\frac{\pi}{2}+\alpha$ 和 $\theta$，在 $\triangle OCB$ 中，由正弦定理可得：

$$\frac{CO}{\sin\left(\pi-\frac{\pi}{2}-\alpha-\theta\right)}=\frac{OB}{\sin\left(\frac{\pi}{2}+\alpha\right)} \tag{2-1}$$

焦斑直径 $CD$ 为：

$$CD=2CO=\frac{AB\ \cos(\alpha+\theta)}{\cos\alpha} \tag{2-2}$$

其中，$AB$ 的数值可扫描得到。如果能确定 $\theta$ 和 $\alpha$ 的大小，则

$$\frac{CD}{AB}=\frac{\cos(\alpha+\theta)}{\cos\alpha} \tag{2-3}$$

就可得到。对一般的整体会聚透镜而言，$\alpha$ 的范围在 1.0° ~ 6.0° 之间。所以，$CD/AB$ 的范围在 99.74% ~ 100.00% 之间，即焦斑大小的测量误差小于 1%。

众所周知，透镜会聚光束的径向功率密度分布大致为 Gaussian 分布，在光束的中心线位置，功率密度最高，所以，可利用小孔进行常规扫描测量 $\theta$ 的值。当小孔沿垂直于光束的方向扫描，小孔出在光束中心线位置时，探测器的计数最高。根据此现象，小孔在离透镜出口端不同位置处进行扫描，可获得不同位置处束斑中心的坐标。图 2-8 中的计数曲线 4 显示了在针孔扫描过程中探测器计数的变化情况。在计数曲线 4 中，峰点对应的位置坐标 $y_n$ 是第 $n$ 次扫描对应的束斑中心在 $x$-$o$-$y$ 坐标系中的纵坐标，由于 $x_n$ 已知，所以该束斑中心坐标就确定了。根据不同位置处束斑中心的坐标，由线性拟合可得到光束中心线的斜率，从而可得 $\theta$ 的数值。

为了获得 $\alpha$ 的数值，重新调节处在非理想状态的透镜，直到将之调节到理想状态。图 2-9 是透镜处于理想状态时的会聚光束的示意图，图 2-9 中的 $AD$ 和 $BE$ 可以通过扫描得到，$\angle BAC=\alpha$，而：

$$\alpha=\tan^{-1}\left(\frac{BE-AD}{2AC}\right) \tag{2-4}$$

其中 $AC$ 是已知的量，所以，可测得 $\alpha$。

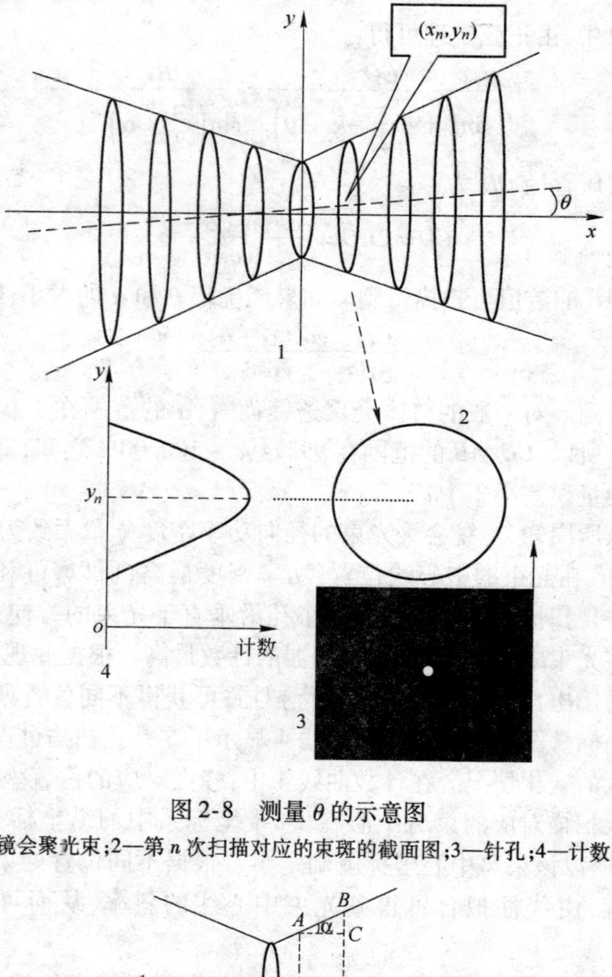


图 2-8　测量 $\theta$ 的示意图

1—透镜会聚光束；2—第 $n$ 次扫描对应的束斑的截面图；3—针孔；4—计数曲线

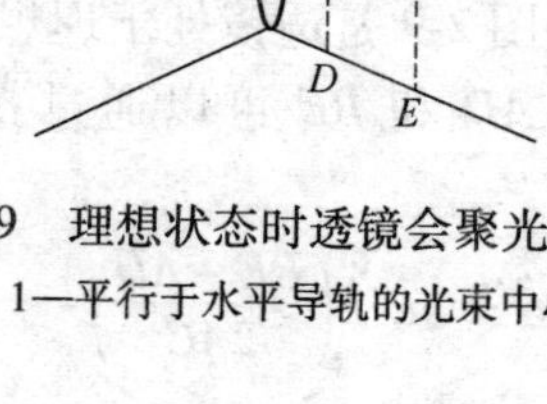


图 2-9　理想状态时透镜会聚光束示意图

1—平行于水平导轨的光束中心线

当透镜会聚一定范围内的连续谱时,可利用轴向扫描法同时测量透镜在不同能量点的出口焦距。如图 2-10 所示,当狭缝沿透镜光束的轴向扫描时,大部分 X 光光通量被狭缝挡住,从而避免了探测系统的死时间问题。在扫描过程中,狭缝每前进一步,测量一个能谱,从这些能谱中读出对应于某个能量 X 射线强度数值,图 2-10 中画出了对应于某能量点的探测器计数变化曲线,图中峰点对应的位置就是透镜在该能量点的焦斑位置,于是,透镜在该能量点的出口焦距就确定了。

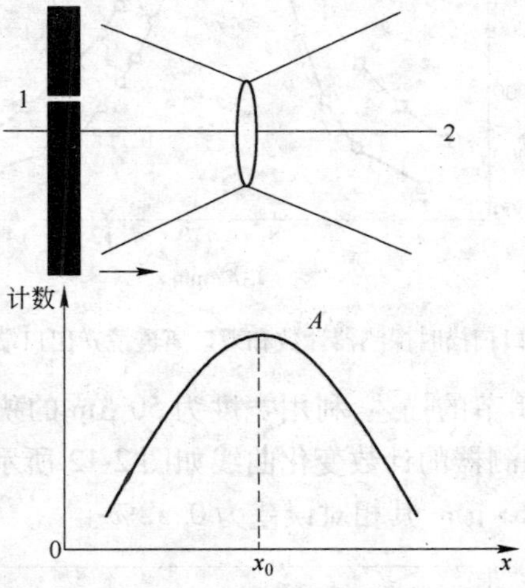


图 2-10　透镜会聚光束和探测器计数变化曲线图

1—狭缝;2—会聚光束的中心线

### 2.2.2　轴向扫描法的应用实例

下面讨论透镜处于非理想状态的情况。

实验中采用的光源是微聚焦光源(MCBM 50-0.6B),其钼靶的焦斑直径为 50 μm。实验用的探测器为正比计数器。实验中用来移动刀口或者狭缝的二维调试架的空间分辨率为 1 μm。

根据 2.2.1 节中的有关描述,利用刀口测量了透镜 $a$(透镜 $a$、$b$、$c$ 表示不同透镜,透镜 $a$ 出口焦距为 19.9 mm)处在非理想状态时的出口焦距。两次轴向扫描的探测器计数和刀口离透镜出口端距离的关系曲线如图2-11所示，该结果与现有常用的刀口扫描方法获得的结果相比，它的绝对误差为97 μm，其相对误差为0.49%。

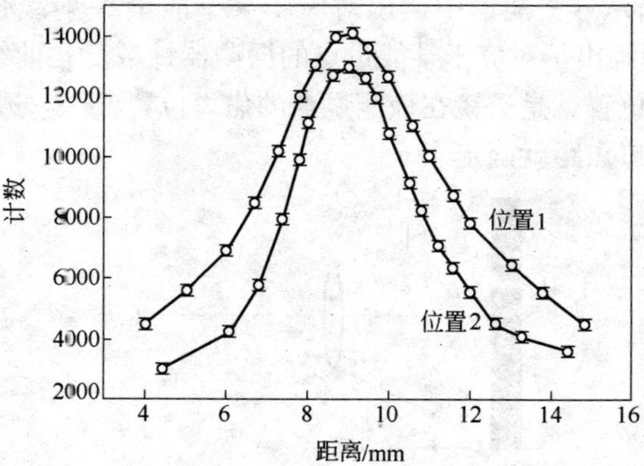


图2-11　利用刀口扫描时探测器计数和刀口离透镜 $a$ 出口端距离的关系曲线

根据2.2.1节的描述，利用宽度为50 μm的狭缝测量该透镜的出口焦距，探测器的计数变化曲线如图2-12所示。其测量结果的绝对误差为63 μm，其相对误差为0.32%。

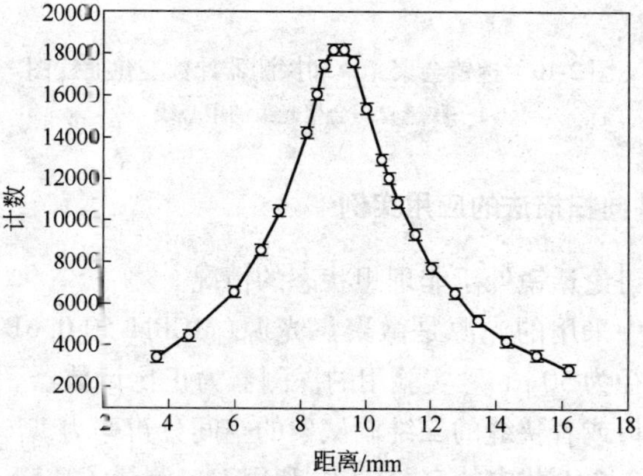


图2-12　利用狭缝扫描时探测器计数和狭缝离透镜 $a$ 出口端距离的关系曲线

为了讨论由于忽略 $\theta$ 而带来的误差，测量了 8 处不同位置的束斑中心的坐标，其数值如图 2-13 所示。$\theta$ 值为 1.2°，将处于非理想状态的透镜 1 重新进行聚焦调节，测得 $\alpha$ 值为 2.5°，所以，对透镜 1 来说，$CD/AB = 99.89\%$。

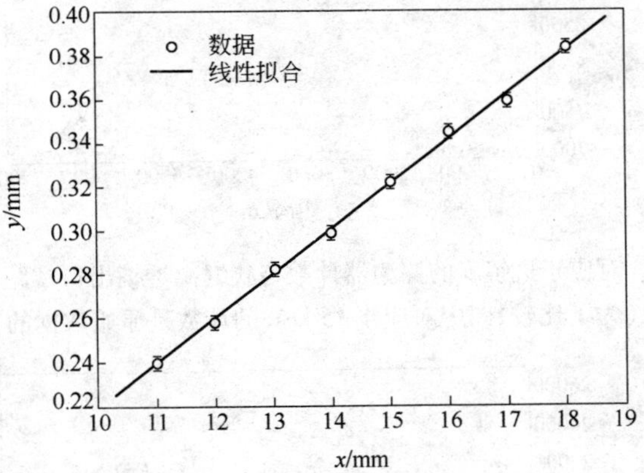


图 2-13　束斑中心的坐标和拟合曲线图

实验中所用 X 光的光源是微聚焦光源（MCBM 50-0.6B），其钼靶的焦斑直径为 50 μm。探测系统为 XFlash® Detector 2001 RÖNTEC 和 RÖNTEC MAX Spectrometer。透镜聚焦调节时，光源的工作电压是 20 kV。

根据 2.2.1 节的描述，利用宽度为 20 μm 的狭缝测量了透镜 *b* 和透镜 *c* 两个会聚透镜的出口焦距，探测器的计数曲线分别如图 2-14 和 2-15 所示。在 8.0 keV 和 15.0 keV 时，透镜 *b* 的出口焦距分别为 69.21 mm 和 69.75 mm；在 7.0 keV 和 15.0 keV 时，透镜 *c* 的出口焦距分别为 13.14 mm 和 13.34 mm。

透镜的出口焦距随着能量的升高而增加，这是由于 X 光发生全反射的临界角随着能量的升高而减小的缘故。

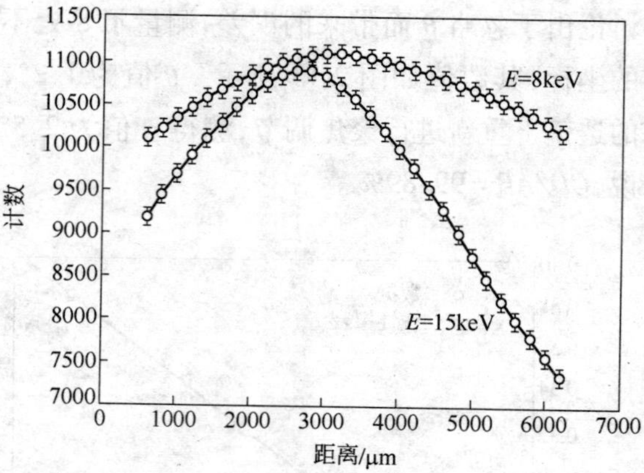


图 2-14 对应于透镜 *b* 的探测器计数与狭缝离透镜出口端距离的关系曲线(为了比较,图中对应于 15 keV 的计数是原始数据的 7 倍)

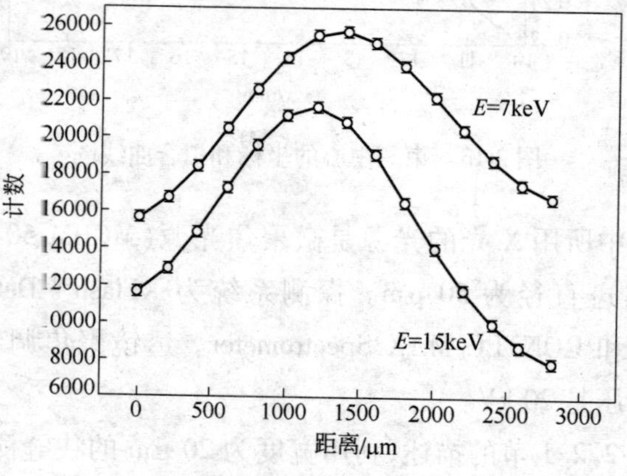


图 2-15 对应于透镜 *c* 的探测器计数与狭缝离透镜出口端距离的关系曲线(为了比较,图中对应于 15 keV 的计数是原始数据的 7 倍)

### 2.2.3 轴向扫描法的误差分析

如图 2-16 所示,如果刀口沿图示中的虚线方向进行扫描,则当它处在 *ab* 之间时,被它挡住的 X 光的光通量相同,所以探测器的计数曲线类似于图 2-17 中的曲线。在确定焦斑位置时,“平头峰”的出现会带来误差。所以在利用狭缝和小孔进行轴向扫描时,狭缝和小孔的尺寸应尽量小,在利用刀口进行扫描时,刀口应尽量靠近光束的中心线,但不能恰好和光束中心线重合,否则,探测器的计数曲线近似是一直线段。

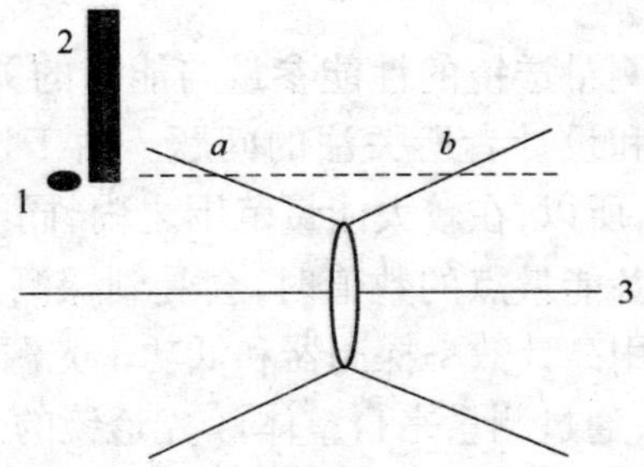


图 2-16　出现扫描平头峰时刀口在会聚光束中的示意图

1—扫描起点;2—刀口;3—光束中心线

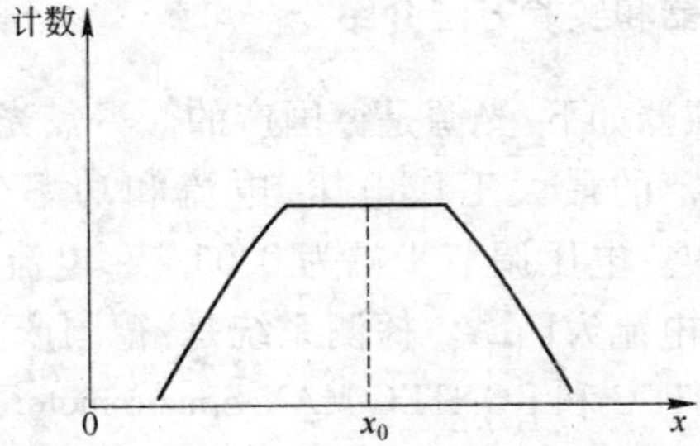


图 2-17　出现平头峰时探测器计数与刀口离透镜出口端距离的关系曲线

另外,不同的透镜具有不同的“焦点深度”,在“焦点深度”范围内,不同位置束斑的大小变化不明显,从而导致探测器读数曲线的峰点不尖锐,这会给确定焦斑位置带来误差。

### 2.2.4　轴向扫描法的优点

轴向扫描法便于实现透镜性能测量过程的完全自动化,它在测量透镜的出口焦距方面,比现有的方法省时、准确;轴向扫描法可以在大能量范围内测量透镜出口焦距随能量的变化关系;轴向扫描法也适用于其他类似的微焦斑光束性能的测量。

## 2.3 利用高计数率探测器和低功率光源测量毛细管X射线光学器件的性能

如何准确地测量透镜的性能参量与能量的关系,一直是整体X光透镜使用者和设计者所关注的问题。由于透镜会聚的X射线光束的强度高,所以,在较大能量范围之内,同时测量整体X光透镜性能参量在各能量点的数值时,会受到探测系统死时间问题的困扰。本书利用高计数率探测器和低功率光源避免了探测系统的死时间问题[3],通过测量来自整体X光透镜的全波段X射线能谱,在大能量范围内,同时测量了透镜在各能量点的传输效率和焦斑大小,分析了短出口焦距透镜的“halo”现象。

### 2.3.1 实验仪器和实验方法介绍

主要实验仪器如下:光源是德国产的微聚焦光源(MCBM 50-0.6B),它的钼靶的最大工作电压、电流和功率分别为50 kV、1000 μA和30 W。电压调节步幅为0.05 kV,电流的调节步幅为1 μA,最小工作电流为1 μA。探测系统是:德国产的XFlash® Detector 2001 RÖNTEC和RÖNTEC MAX Spectrometer,整个探测系统的最高计数率为$4\times10^5 s^{-1}$。

下面介绍各种透镜性能参量的测量方法。

整体X光透镜的传输效率是指从透镜出来的X光强度和进入透镜的X光强度的比值。

图2-18是测量透镜传输效率的示意图,光源、透镜和探测器分别放在五维调试架上。将透镜聚焦调节完毕后,测量从透镜出来的X光的强度能量谱线。然后,将透镜取下,在距光源一定距离处,放上针孔,测量从针孔出来的X光强度能量谱线。从两个能谱中读出某能量对应的X射线强度,按照式2-5计算出透镜在该能量点的传输效率。

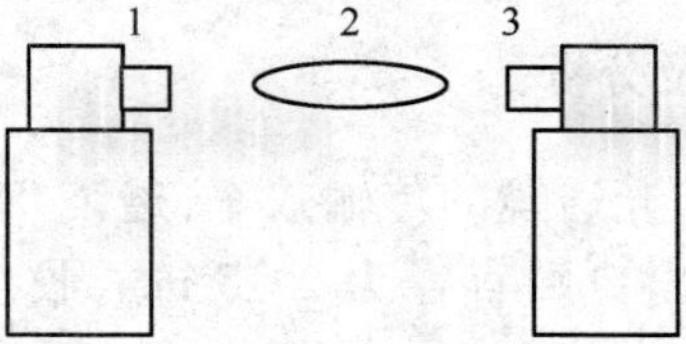


图 2-18　测量透镜传输效率的装置示意图

1—光源；2—透镜；3—探测器

$$\eta = \frac{C_{\text{optic}}}{C_{\text{pinhole}}} \cdot \frac{S_{\text{pinhole}}}{S_{\text{optic-input}}} \cdot \left(\frac{D_{\text{optic-source}}}{D_{\text{pinhole-source}}}\right)^2 \tag{2-5}$$

式中　$C_{\text{optic}}$，$C_{\text{pinhole}}$——用透镜和针孔时的读数；

$S_{\text{pinhole}}$，$S_{\text{optic-input}}$——针孔和透镜入口的面积；

$D_{\text{optic-source}}$，$D_{\text{pinhole-source}}$——透镜入口端和针孔离光源焦斑的距离。

在测量过程中，探测器到光源焦斑的距离保持不变，这就保证了在测量两个能谱时，空气的吸收近似不变。

如图 2-19 所示，可用 2. 2. 1 节讨论的轴向扫描法得到透镜在某能量点的焦斑位置。在某能量点对应的焦斑位置处，刀口沿垂直于光束中心线的方向扫描，刀口每移动一步，测量一个能谱，从得到的一系列能谱中，读出该能量点对应的强度，然后，根据现有的确定透镜焦斑大小的数据处理方法就可得到透镜在该能量点的焦斑大小。

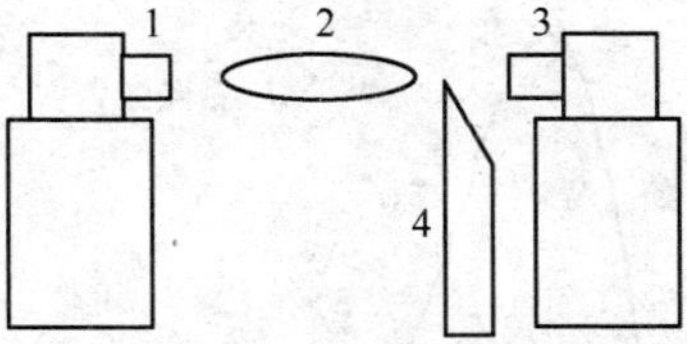


图 2-19　测量透镜出口焦距和焦斑直径的装置示意图

1—光源；2—透镜；3—探测器；4—刀口

如图 2-19 所示，让刀口（或者狭缝）在焦斑位置处沿垂直于透镜会聚光束中心线的方向扫描，刀口在不同位置时，分别测量一个能谱，从不同位置处的能谱的变化情况，就可知道在透镜会聚光束中，不同能量 X 光的空间分布情况。

### 2.3.2 实验结果及分析

测量了两个 X 光透镜的传输效率，透镜 04-4-27-2 的入口端直径为 4.95 mm，出口端直径为 2.75 mm，长度为 84.16 mm，在 7.0 keV 时，出口焦距为 13.4 mm；另一个透镜 04-5-10-5 的入口端直径为 3.85 mm，出口端直径为 4.35 mm，长度为 59.20 mm，在 8.0 keV 时，出口焦距为 69.2 mm。

它们的传输效率与能量的关系分别如图 2-20 和图 2-21 所示。

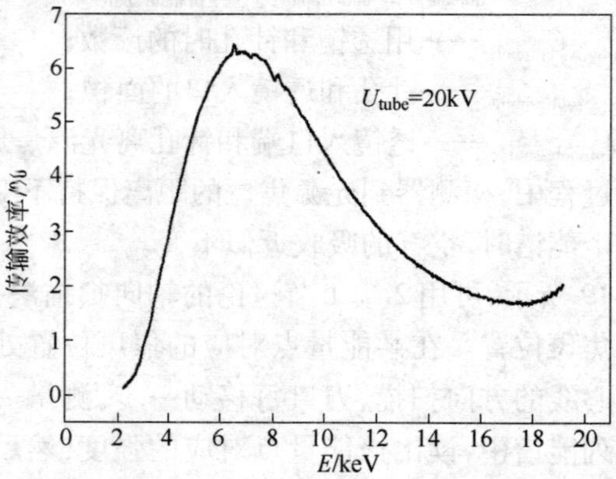


图 2-20　04-4-27-2 透镜的传输效率和能量的关系

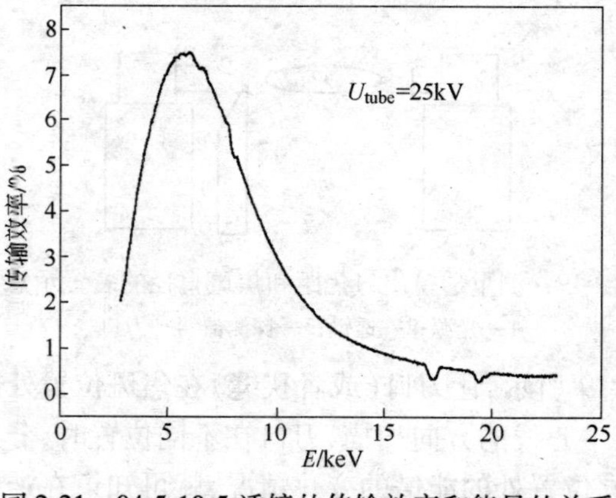


图 2-21　04-5-10-5 透镜的传输效率和能量的关系

在图 2-20 中，能量高于 17.8 keV 时，该透镜的传输效率的测量值随着能量的升高而明显升高，这是由于“halo”的影响。

由图 2-21 可看出：对 04-5-10-5 透镜而言，在能量高于5.8 keV 时，该透镜的传输效率随着能量的升高而降低；能量低于 5.8 keV 时，透镜传输效率随着能量的升高而升高。影响透镜传输效率的因素有三个方面，一是 X 射线发生全反射的临界角随 X 射线能量的升高而减小，这使高能 X 射线发生全反射而通过透镜的可能性减小；二是粗糙度的影响，对于粗糙度一定的界面，高能 X 射线的漫反射效应远远强于低能 X 射线；三是毛细管管壁和空气的吸收，它们对低能 X 射线的吸收较强。对 04-5-10-5 透镜而言，在能量高于 5.8 keV时，一、二两个方面因素起主要作用，能量低于 5.8 keV 时，第三个因素起主要作用，所以出现了上述实验现象。

在图 2-20 和图 2-21 中，在某些能量点，传输效率曲线发生了较大的波动，这是由于钼的特征线和其他杂质的特征线对实验结果产生的影响。由于，整体会聚透镜是以点源为基础设计的，它只接受 X 光源有限的部位（入口焦斑）发出的 X 射线，而透镜的聚焦调节是在钼靶连续谱的平均值上进行的，所以，如果产生上述特征线的部位离透镜的入口焦斑较远，这些特征线透过透镜的效率会降低。

编号为 04-4-27-2 和 04-5-10-5 的两个透镜焦斑大小与能量的关系曲线如图 2-22 和图 2-23 所示。

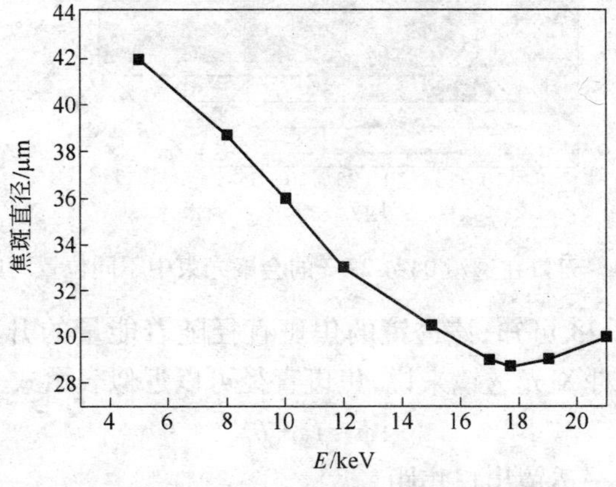


图 2-22　04-4-27-2 透镜的焦斑直径和能量的关系

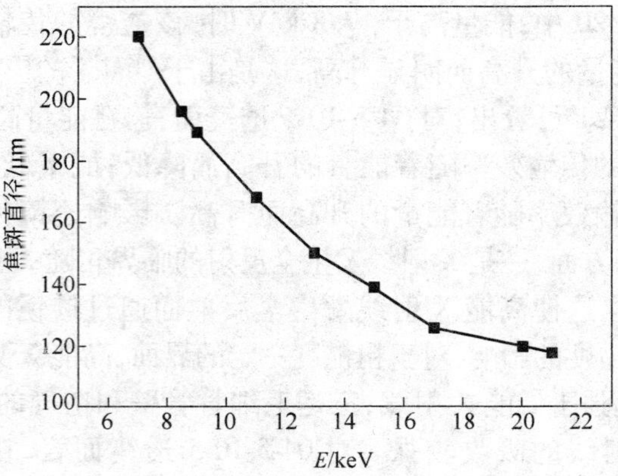


图 2-23　04-5-10-5 透镜的焦斑直径和能量的关系

由图 2-22 可知，在能量高于 17.6 keV 时，该透镜的焦斑直径随着能量的升高而明显增大，这是由于“halo”的影响。

在 04-4-27-2 透镜焦斑位置，让刀口沿垂直于会聚光束中心线的方向扫描，扫描能谱如图 2-24 所示。

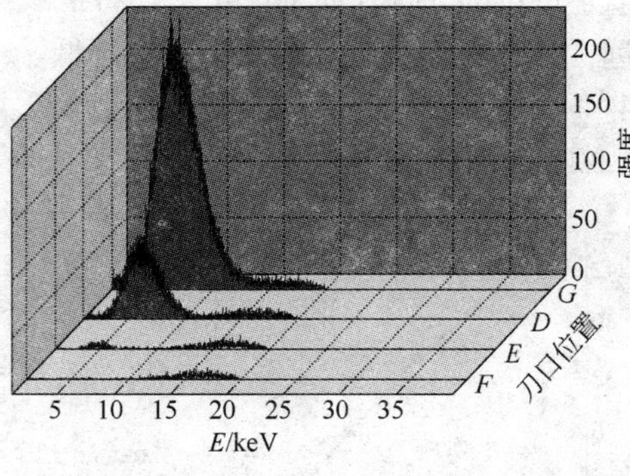


图 2-24　刀口在透镜 04-4-27-2 的会聚光束中不同位置时的图谱

由图 2-23 可知，该透镜的焦斑直径随着能量的升高而减小。这是因为，对 X 光透镜来说，焦斑直径可以近似表示式 2-6：

$$\phi \approx f_2 \cdot \theta_c \tag{2-6}$$

式中　$f_2$——透镜出口焦距。

X 射线的能量越高，$f_2$ 越大，但 $f_2$ 随能量的不同而变化的幅度不大。而临界角 $\theta_c$（mrad）为：

$$\theta_c = \frac{30}{E} \tag{2-7}$$

式中　$E$——X 射线光子的能量，keV。

由以上分析可知，焦斑直径主要决定于临界角和能量反比关系，所以，透镜的焦斑直径大小随着能量的升高而减小。

由图 2-24 中不同位置处的能谱可看出，当能量高于13.0 keV 时，部分 X 光直接穿透了该透镜，形成了"halo"，影响了该透镜在高能量点的传输效率的测量值和焦斑直径的大小。

对应于 04-5-10-5 透镜的扫描能谱如图 2-25 所示。为了比较，图 2-25 中，$D$、$E$、$F$ 处对应的强度分别是各自原始数据的 2 倍、5 倍、100 倍。由图 2-25 可看出：在测量的能量范围内，该透镜几乎不存在"halo"，图 2-21 和图 2-23 也证明了这一结论。

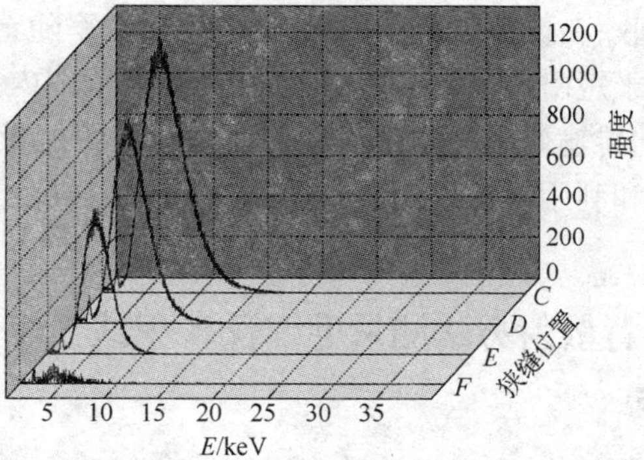


图 2-25　刀口在透镜 04-5-10-5 的会聚光束中不同位置时的图谱

两个不同透镜，在各自焦斑位置处，沿垂直于光束中心线的方向，不同能量的 X 射线分布情况不同，这与透镜的结构有关。两透镜相比，编号为 04- 4-27-2 的透镜的出口焦距短，为了得到出口焦距短的透镜，在透镜出口端附近，构成透镜的毛细管的弯曲度大，于是，X 射线在透镜出口端附近，容易直接穿透毛细管管壁，而形成“halo”。所以，在设计和利用短出口焦距透镜时，要考虑“halo”问题。

在上述实验过程中，透镜的聚焦调节是在钼靶连续谱的平均值上调节的，聚焦调节一旦完成，在测量过程中，透镜相对于光源的距离就不改变了，即透镜的入口焦距保持不变。虽然，透镜的入口端焦距也与能量有关，但它主要决定于光源尺寸和透镜入口直径，而随能量的变化不明显，所以在测量透镜性能和能量的关系时，忽略了透镜入口端焦距随能量的变化。

利用高计数率探测器和低功率光源，在大能量范围内，研究透镜传输效率和焦斑大小与能量的关系。分析了短出口焦距透镜的“halo”对透镜性能的影响。

X 射线发生全反射的临界角随着能量的升高而减小，这导致了透镜的焦斑直径随着能量的升高而减小，也导致了在高能量范围内，透镜的传输效率随着能量的升高而降低。由于空气和毛细管管壁的吸收，在低能量范围内，透镜的传输效率随着能量的升高而增加。对于短出口焦距透镜而言，在高能量范围内，由于“halo”的影响，它的传输效率的测量值和焦斑直径随着能量的升高而增大。当设计和利用短出口焦距整体 X 光透镜时，应当考虑“halo”问题。

## 2.4 利用背散射方法测量毛细管 X 射线光学器件的性能

如 2.3 节所述，利用高计数率探测器和低功率微焦斑光源相结合，可以在大能量范围内同时测量整体会聚透镜性能，但是，因为整体平行束透镜会聚光束的强度太高，超出了探测器的线性探测范围，所以，利用高计数率探测器和低功率光源相结合的方法不能在大能量范围内同时测量整体平行束透镜的性能，另外，高计数率探测器和低功率微焦斑光源价格昂贵，并非是所有实验室都能具备的。

测量整体平行束透镜发散度,最常用的方法是衍射仪法,该法通过测量光源特征线衍射峰的半峰全宽来确定透镜的发散度,由于受到光源特征线的限制,所以衍射仪法不可能在大能量范围内同时测量透镜发散度与能量的关系。

本节利用有机玻璃作为散射体以降低探测系统的死时间[4,5]。通过测量和分析来自有机玻璃的背散射谱,研究了整体 X 光透镜的性能,并对实验结果做了系统的分析。

### 2.4.1 实验仪器及测量技术

实验中使用的 X 射线源是美国产的高亮度微聚焦(OXFORD XTG UltraBright Microfocus Source)钨靶光源,它的焦斑直径为 15 μm。探测系统为 XFlash® Detector 2001 RÖNTEC 和 RÖNTEC MAX Spectrometer。由碳、氢、氧构成的有机玻璃散射体的厚度为 0. 8 mm。钼制刀口的厚度为 0. 5 mm。

背散射谱是在和入射光束成 135°的方向上测量的。

可用下述轴向扫描法测定透镜的出口焦距。

图 2-26 是在一定能量范围内,同时测量透镜在不同能量点的出口焦距示意图。图 2-27 是透镜会聚光束的示意图。由图 2-27 可看出,刀口(或者狭缝)沿光束中心线的方向移动时,刀口在不同位置,被它遮挡的 X 射线光通量是不同的,所以,刀口在不同位置时,探测器的读数不同。刀口每移动一步,测量一个背散射能谱,从得到的一系列能谱中读出某能量对应的强度,作一条类似于图 2-28 的探测器计数和刀口离透镜出口端距离的关系曲线,在图 2-28 中,峰点 $A$ 所对应的位置即为焦斑位置。焦斑位置确定后,透镜在该能量点的出口焦距就确定了。

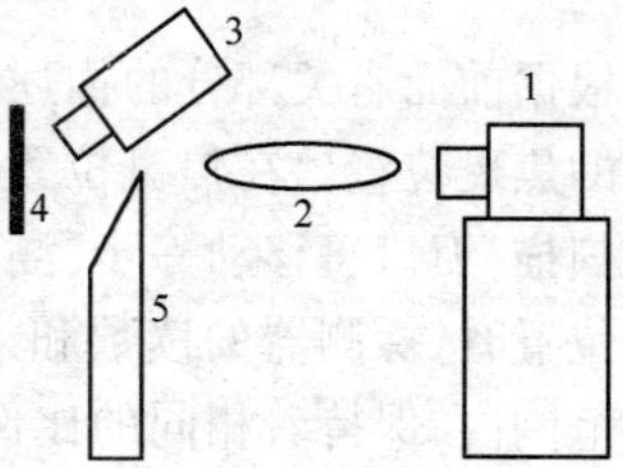


图 2-26　测量透镜出口焦距示意图
1—光源;2—透镜; 3—探测器;
4—刀口;5—有机玻璃

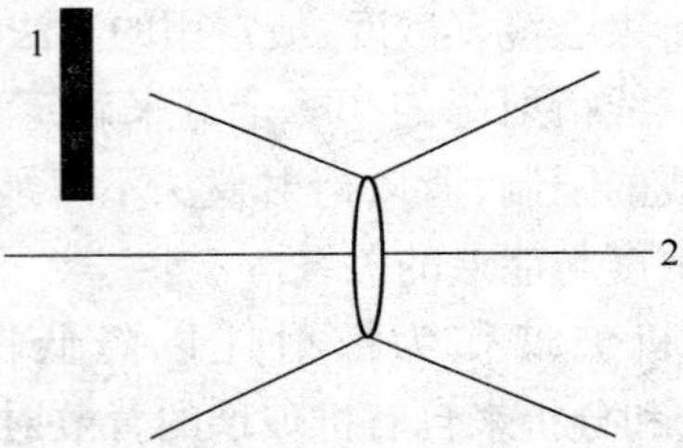


图 2-27　利用刀口测量透镜焦距的示意图

1—金属刀口;2—光束轴线

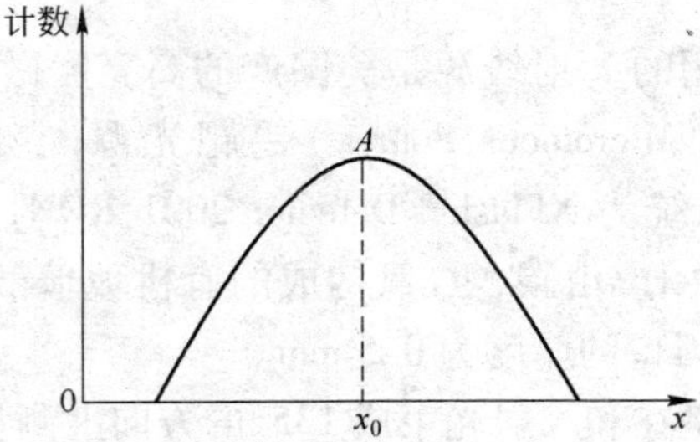


图 2-28　测量焦距时探测器计数变化关系曲线

根据前面有关部分的描述,可用轴向扫描法得到透镜在某能量点的焦斑位置。在焦斑位置处,让刀口沿垂直于光束中心线的方向扫描,刀口每移动一步,测量一个背散射能谱,因为当刀口在不同位置时,探测器的读数和入射到散射体上的 X 射线强度,在误差范围内,保持着相同的比例关系,所以,从得到的一系列能谱中读出该能量点对应的强度,然后,根据现有确定透镜焦斑直径大小的数据处理方法就可得到透镜在该能量点的焦斑大小。

让刀口在焦斑位置处沿垂直于透镜会聚光束中心线的方向扫描,刀口在不同位置时,分别测量一个背散射能谱,从不同位置处能谱的变化情况,就可得到不同能量 X 光在透镜会聚光束中的空间分布情况。

如图 2-29 所示,可以通过测量离透镜出口端不同距离处的束斑大小来确定平行光透镜的发散度。

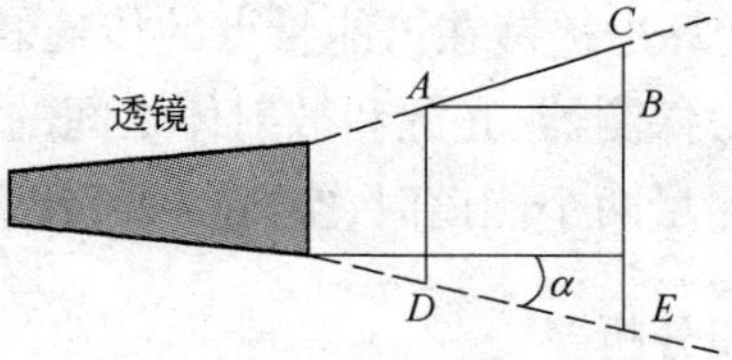


图 2-29　测量透镜发散度的示意图

在图 2-29 中，

$$\angle CAB = \alpha = \tan^{-1}\left(\frac{CE - AD}{2AB}\right) \quad (2\text{-}8)$$

其中，$CE$ 和 $AD$ 是不同位置处束斑直径的测量值，$AB$ 是已知量，所以，平行光透镜的发散度 $\Theta = 2\alpha$ 就确定了。

刀口在某位置沿垂直于光束中心线方向扫描时，不同的刀口位置记录一个背散射谱，从一系列能谱中读出某能量点对应的强度数值，得到透镜在该位置处对应于该能量点的束斑直径，从而得到透镜在该能量点的发散度。

图 2-30 是测量透镜传输效率的示意图，光源、透镜和探测器分别放在五维调试架上。将透镜聚焦调节完毕后，测量来自散射体的背散射能谱；然后，将透镜取下，在距光源一定距离处，放上针孔，此时，再测量来自散射体的背散射能谱。从两个能谱中读出某能量对应的 X 射线强度，由于两个背散射谱中某能量点对应的 X 射线强度和相应的来自透镜和小孔的 X 射线强度，在误差范围内保持着相同的比例关系。因此，可以根据背散射谱得到的 X 射线

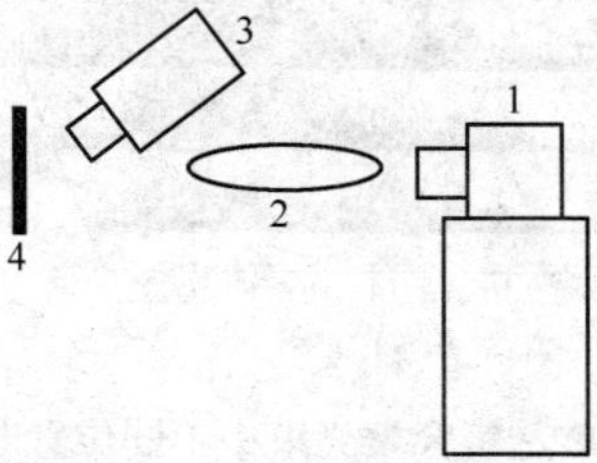


图 2-30　利用散射体测量透镜传输效率示意图

1—光源；2—透镜；3—探测器；4—有机玻璃

强度，利用式 2-5 计算出透镜在该能量点的传输效率。

在测量过程中，探测器、光源和散射体之间的相对位置保持不变，这就保证了在测量两个能谱时，空气的吸收近似不变。

### 2.4.2 测量结果和分析

利用图 2-26 所示的装置测量了 01 整体会聚 X 光透镜的出口焦距。利用背散射法得到的结果：01 透镜在 8.0 keV 和 15.0 keV 两个能量点，出口焦距分别为 60.21 mm 和 60.78 mm。利用 2.2 节中描述的方法测量了该透镜的出口焦距：在 8.0 keV 和 15.0 keV 两个能量点，出口焦距分别为 60.20 mm 和 60.80 mm。

利用图 2-26 所示的装置测量了 01 整体会聚 X 光透镜的焦斑直径。利用背散射法得到的结果：01 透镜在 8.5 keV 和17.0 keV 两个能量点，焦斑直径分别为 196 μm 和 126 μm。利用现有方法测量了该透镜的焦斑直径：在 8.5 keV 和 17.0 keV 两个能量点，焦斑直径分别为 189 μm 和 122.6 μm。

图 2-31 是不同能量的 X 光在 02 会聚透镜会聚光束中的空间分布能谱图。

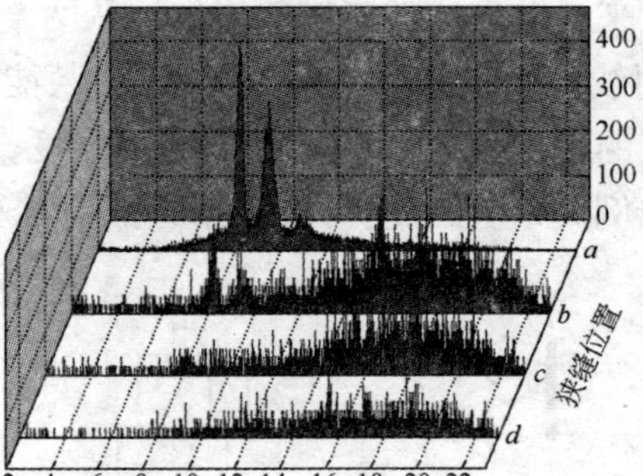


图 2-31　狭缝在 02 透镜会聚光束中不同位置时对应的背散射谱

对 02 会聚透镜而言，由图 2-31 中不同位置处的能谱可看出，当能量高于 12.0 keV 时，部分 X 光在透镜出口端直接穿透了透镜,形成了逃逸“halo”,这导致了在能量高于 23.0 keV 时,其传输效率随着能量的升高而增大(见图 2-32)。

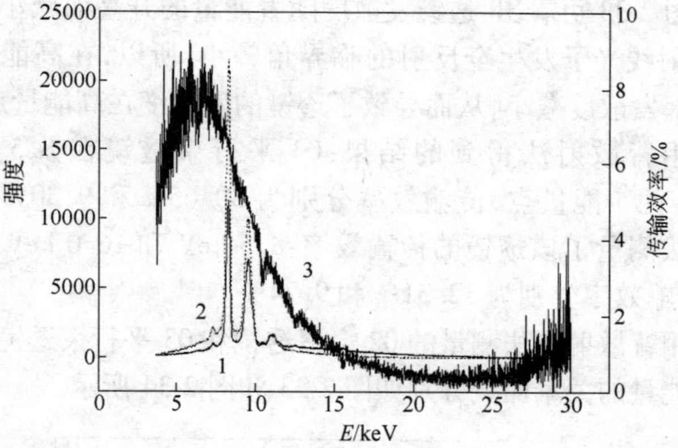


图 2-32　透镜 02 的传输效率和能量的关系曲线以及背散射谱

1—利用小孔时的散射谱; 2—利用透镜时的散射谱;3—传输效率

03 平行光透镜的发散度和能量的关系如图 2-33 所示。

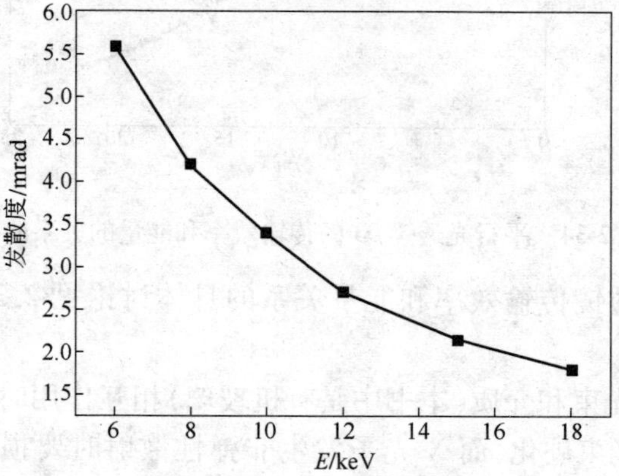


图 2-33　透镜 03 的发散度和能量的关系曲线

影响平行光透镜发散度的因素很多,譬如,构成透镜的每根毛细管的发散度(局部发散度);构成透镜的单毛细管的相互排列情况等。

由图 2-33 可看出:透镜发散度随着能量的升高而减小。因为高能 X 射线光子发生全反射的临界角较小,所以,在高能量点透镜的局部发散度减小,从而导致了透镜的发散度在高能量点较小。

利用背散射法得到的结果:03 平行束透镜在 8.5 keV 和 16.0 keV两个能量点,传输效率分别为 30.65% 和 9.30%。利用现有方法测量了该透镜的传输效率:8.5 keV 和 16.0 keV 两个能量点,传输效率分别为 32.31% 和 9.74%。

利用背散射方法测量的 02 会聚透镜和 03 平行束透镜的传输效率与能量的关系曲线分别如图 2-33 和图 2-34 所示。

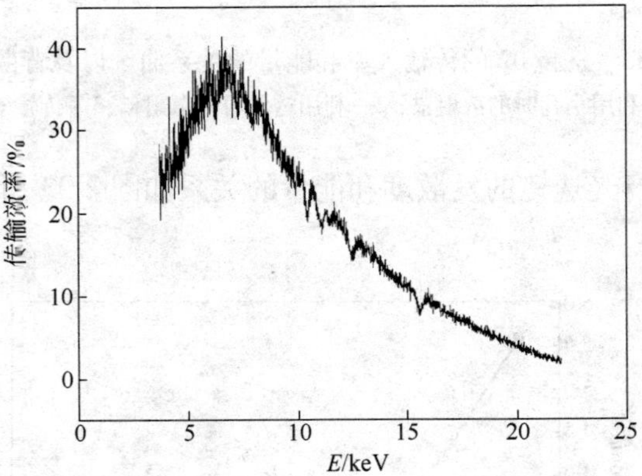


图 2-34　平行光透镜 03 的传输效率和能量的关系曲线

有关透镜传输效率和能量关系的具体讨论见 2.3.2 节有关部分。

当 X 光束和介质(本书中是有机玻璃)相互作用时,因为光电吸收引起光束硬化,而 X 光子发生非弹性散射时要损失能量,所以,背散射谱和入射到散射体上的 X 光能谱的谱形是有区别的,即图 2-31 所示背散射谱和从透镜出来的原始谱稍有区别。图

2-35显示了从透镜出来的原始谱和背散射谱的谱形区别。

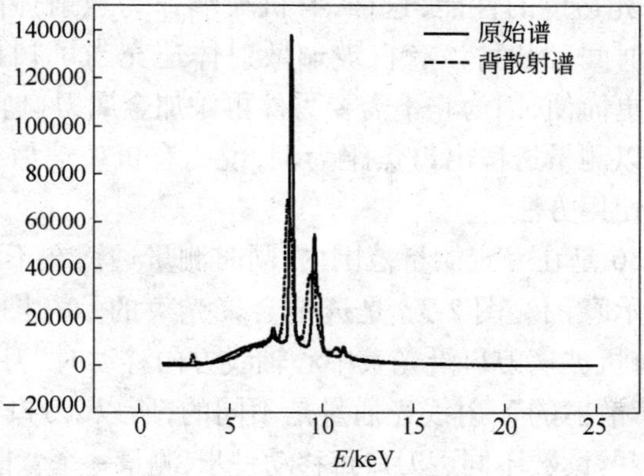


图 2-35　背散射谱和透镜出口端能谱的比较

背散射谱中弹性散射和非弹性散射成分的相对比例与构成散射体的各元素的弹性散射和非弹性散射截面有关，同时还与散射体的微结构等因素有关。对本书而言，基于图 2-35 所示的能谱比较，在有关焦斑直径和发散度的数据处理过程中，对能谱中某能量点对应的位置采取了措施，即在能量高于 7.0 keV 时，利用康普顿漂移方程对能量点的位置进行了校正，康普顿漂移方程为：

$$E' = \frac{E}{1 + 0.001957 \cdot E \cdot (1 - \cos\varphi)} \tag{2-9}$$

式中　$E, E'$——入射光子和康普顿散射光子的能量，keV；

$\varphi$——散射角。

利用背散射方法测量透镜焦斑直径和传输效率时，误差主要来源是：由于背散射谱中除了弹性散射的成分外，还有非弹性散射的成分。

通过轴向扫描法测量透镜的出口焦距时，误差的主要来源是：由于不同透镜具有不同的“焦距深度”，在“焦距深度”范围内，不同位置处的束斑大小变化不明显，从而造成了扫描曲线的峰不是很尖锐。

前面讨论了利用金属刀口和有机玻璃散射体相结合的方法，

实际上，还可以直接利用有机玻璃散射体本身作为扫描刀口来研究整体X光透镜的性能，这样，有机玻璃作为散射体降低了探测系统的死时间，同时，该有机玻璃散射体还充当了扫描刀口的作用。该法更简便，因为它不需要另外再添加金属刀口。

下面以测量透镜出口焦距为例，说明有机玻璃散射体充当扫描刀口的使用方法。

图2-36是在一定能量范围内，同时测量透镜在不同能量点的出口焦距示意图。图2-37是透镜会聚光束的示意图。由图2-37可看出，有机玻璃刀口沿光束中心轴线方向移动时，刀口在不同位置，经它背散射的X射线光通量是不同的，所以，刀口在不同位置时，探测器的读数不同。刀口每移动一步，测量一个背散射能谱，从

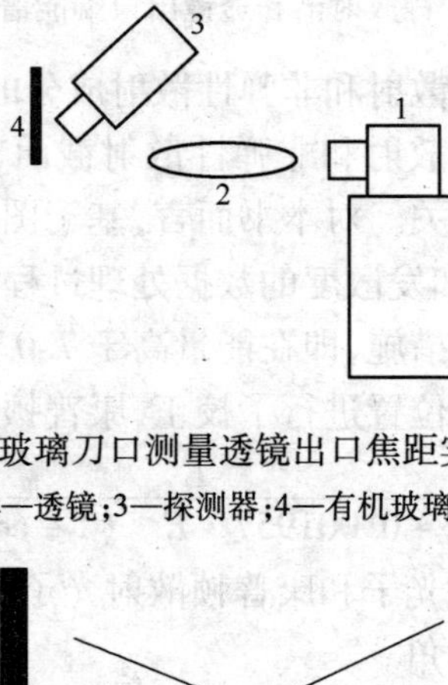


图2-36　利用玻璃刀口测量透镜出口焦距实验仪器示意图

1—光源；2—透镜；3—探测器；4—有机玻璃制作的刀口

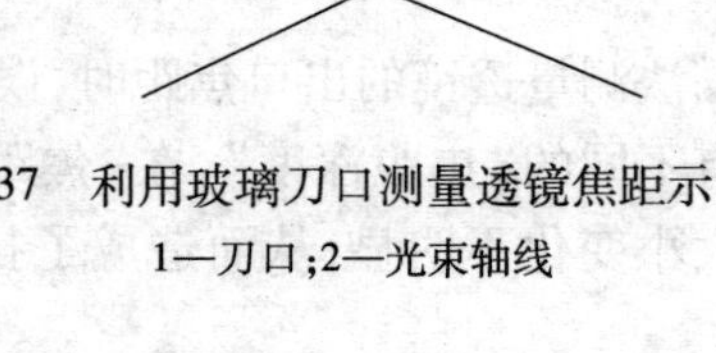


图2-37　利用玻璃刀口测量透镜焦距示意图

1—刀口；2—光束轴线

得到的一系列能谱中读出某能量对应的强度，作一条类似于图2-38的探测器计数和刀口离透镜出口端距离的关系曲线，在图2-38中，谷点 $A$ 所对应的位置即为焦斑位置。焦斑位置确定后，透镜在该能量点的出口焦距就确定了。

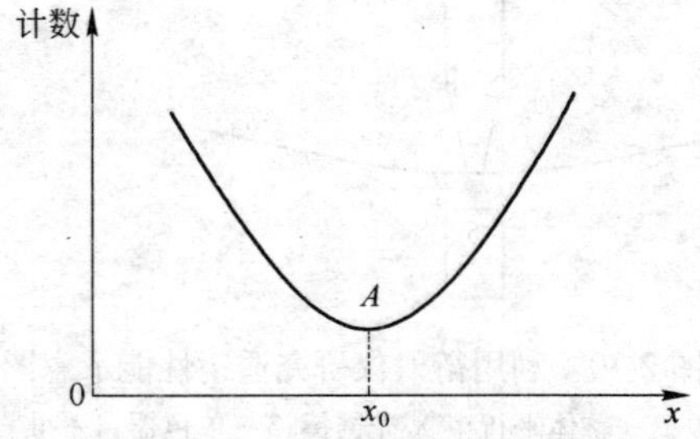


图 2-38　探测器计数和刀口离透镜出口端距离关系曲线

为了提高测量的准确性，将探测器和刀口固定在一起进行扫描。

## 2.5　利用衍射方法测量毛细管 X 射线光学器件的性能

因为整体平束毛细管 X 光透镜经常要在衍射仪上使用，所以我们设计了利用衍射仪测量整体平束毛细管 X 光透镜在各能量点的传输效率和角发散度的方法[1]。

### 2.5.1　利用衍射方法测量毛细管 X 射线光学器件的传输效率

图 2-39 为实验设备示意图，在日本理学的 12 kW 转靶粉末衍射仪的样品台上放上单色器 Si(111) 单晶，将靠近光源的索拉狭缝取下，放上整体平行束 X 光透镜，在转动探测臂上选取合适的接收狭缝、防散射狭缝和索拉狭缝，在关心的能量范围内进行扫描，得到一强度能量谱，然后再将透镜换成一准直管，探测臂上取相应合适的接收狭缝、防散射狭缝和索拉狭缝，再在相同的能量范围内扫描，得到另一强度能量谱，根据两个能谱可得到透镜在各能量点的传输效率。

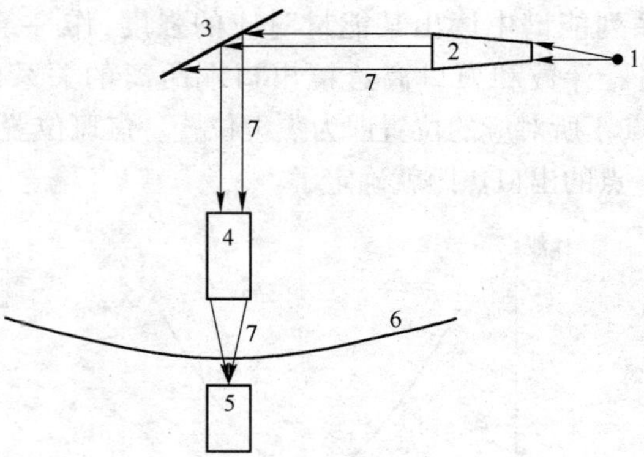


图 2-39　利用衍射仪研究透镜性能示意图

1—光源;2—整体平行束 X 光透镜;3—单色器;4—准直系统;

5—探测器;6—测角仪;7—X 射线束

所谓整体平行束 X 光透镜的传输效率是指:从透镜出来的 X 光强度和进入透镜的 X 光强度的比值 ;X 光透镜在某能量点上的传输效率是指:做比值的两个光强值是该能量点对应的光强值。

由布喇格公式可知,X 射线经过晶体衍射后的色散为:

$$\frac{\Delta\lambda}{\lambda}=\frac{\Delta E}{E}=\cot\theta\cdot\Delta\theta$$

为方便起见,能量分辨率$\frac{\Delta E}{E}$常用谱线的能量展宽 $\Delta E$ 来表征,

$$\Delta E=E\cdot\cot\theta\cdot\Delta\theta \tag{2-10}$$

即 $\Delta E$ 越小表示分辨率越高。

如果能选择合适的针孔、接收狭缝、防散射狭缝和索拉狭缝使上述两次扫描谱线在各能量点上的能量分辨率 $\Delta E$ 相同,此时,由准直管出口端面积上的强度根据反平方定律:

$$\frac{I_2}{I_1}=\frac{D_1^2}{D_2^2} \tag{2-11}$$

换算出透镜入口面积上的强度,其中 $I_1$ 和 $I_2$ 分别为距光源 $D_1$ 和 $D_2$ 处单位面积上的强度,准直管情况下扫描得到的强度也要做相应的处理。透镜情况下扫描得到的强度和已经处理过的准直管情

况下扫描得到的强度还要做相应的处理。因为是用狭缝系统来准直的，而狭缝处的光斑是圆形的，探测器探测到的强度是准平行束光斑的一部分，所以假设图 2-40 中的中间竖狭条范围内各处的能量功率密度相同。据图 2-40 的几何关系可计算出：要将测到的强度乘以修正因子 $f$：

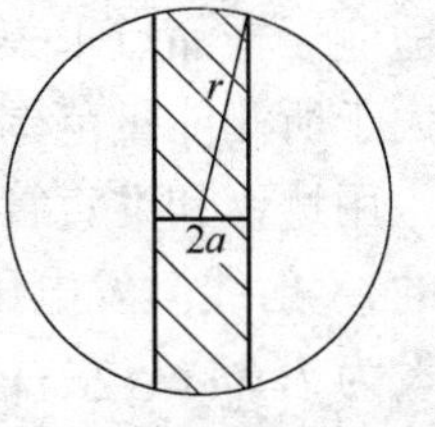


图 2-40　狭缝示意图

$$f = \frac{\pi \cdot r_i^2}{\dfrac{4\arcsin \dfrac{a_i}{r_i}}{360} \cdot \pi \cdot r_i^2 + 2 \cdot a_i \cdot \sqrt{r_i^2 - a_i^2}} \qquad (2\text{-}12)$$

式中　$a_i$——两次扫描时用的接收狭缝的宽度的一半，$i = 1, 2$；

$r_i$——两次扫描时接收狭缝处 X 光光斑的半径，$i = 1, 2$。

这样就转换成整个光斑的强度。通过上面的处理，将各能量点对应的强度相比就得到了各能量点的传输效率。

在转动探测臂取相同的接收狭缝、防散射狭缝和索拉狭缝条件下，用透镜和用准直管扫描时，相同能量点的能量分辨率往往不同。此时必须考虑能量分辨率的影响，如在某一特征谱线能量点，在单色器反射相同强度的 X 射线时，由于能量分辨率不同，两次扫描得到的衍射峰中心点对应的强度不同，分辨率高时，其中心点对应的强度大，即其积分宽度小。

为了消除能量分辨率不同带来的影响，用积分宽度对数据进行了处理：以某特征谱线能量点 $E_0$ 对应的积分宽 $\beta_1$ 和 $\beta_2$（$\beta_1$ 和 $\beta_2$ 分别为用透镜和用准直管扫描时对应的积分宽度）为标准，将用透镜测量得到的其他能量点 $E$ 的强度乘以修正因子 $g$：

$$g = c \cdot \frac{E \cdot \beta_1}{E_0 \cdot \beta_2} \qquad (2\text{-}13)$$

式中　$c$——常数，可由实验得到。

在此矫正的基础上再进行前述的相同处理过程。该矫正方法只适应于样品点采集间隔（连续扫描）或者扫描步长（步进扫描）不大于所测能量范围内各能量点对应的积分宽度。

用透镜和准直管分别扫描时，都是在钼靶和钨灯丝条件下进行的，X 射线激发电压为 24 kV，脉冲高度分析器处在积分形式，基线设为 7.6 keV 左右，由于采用 Si(111)单晶单色器，在我们测量的能量范围内，没有出现谐波的影响。接收狭缝、防散射狭缝用的是相同型号的，都是采用连续扫描，样品点采集间隔为 0.01°，在 $W_{L_{\alpha1}}$ 能量点处对应的积分宽（$2\theta$）分别为：$\beta_1=0.18°$ 和 $\beta_2=0.07°$。通过数据处理得到了如图 2-41 和图 2-42 所示的结果。利用单道分析器加滤波片的方法测了 8.5 keV 和 16.5 keV 两个能量点的透镜的传输效率，其结果分别为 36.30% 和 11.00%，用粉末衍射仪测的结果分别为 36.92% 和 10.65%，其相对误差分别为 0.018 和 0.059。

由于整体平行束透镜的焦距是能量的函数，而在用衍射仪法测量传输效率的过程中，在测量透镜之前的透镜的焦距调试不是在一个特殊能量点上调试的，而是在透镜比较敏感能量范围内的

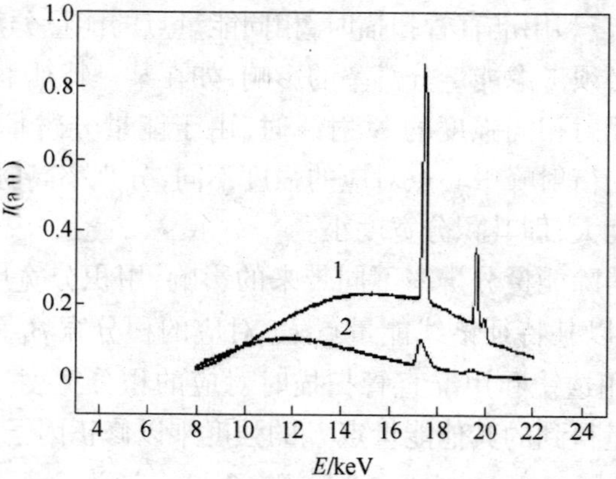


图 2-41　有透镜和没透镜时的强度

1—准直管情况下的强度；2—透镜情况下的强度

（为了直观，将原数据扩大了 10 倍）

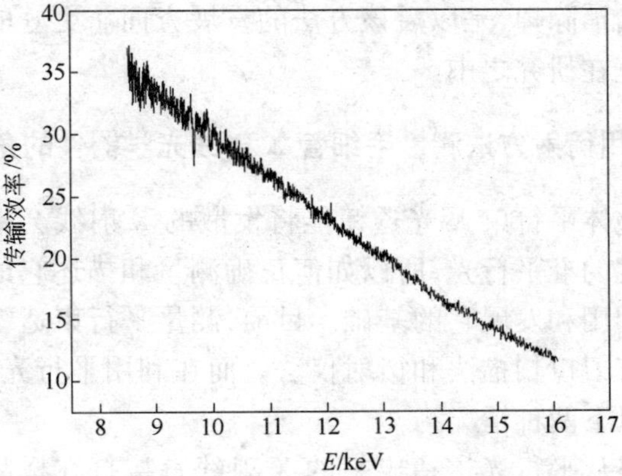


图 2-42　利用衍射法得到的透镜传输效率

所有能量点的平均值上调试的,所以本书介绍的这种测试透镜传输效率的方法,没有考虑“整体平行束透镜的焦距是能量的函数”这个因素的影响。实际上,由于在高能点处,平行光透镜的焦距会稍微增大一些,而焦距是透镜聚焦调节完毕时光源到透镜入口的距离,由于我们采用反平方定律来确定透镜出入口处 X 射线的强度,这就导致在高能量点测量的传输效率结果会比真实值稍微低一些。这一点在 8. 5 keV 和 16. 5 keV 两能量点的比较中也可看出,因为用单道分析器加滤波片的方法测量该两点的透镜传输效率时,是在这两个能量点分别调试透镜的焦距后分别测量的,所以出现上述现象。

实验时,由于计数率和分辨率的原因,探测器前要加准直系统,考虑到从整体平行束透镜出来的准平行束截面上中心部分的能量功率密度会比边缘处的能量功率密度稍微大一些,所以,在选择准直系统时,应采用狭缝准直系统,这样实验结果更准确。如果选择圆形准直管,实验结果会比实际值偏高。

由以上讨论可知,可以通过选择合适的晶体、靶源、灯丝、准直系统来得到比较好的实验结果。如何改进本书提到的强度矫正数学模型,以至于将“透镜的焦距是能量的函数”这一点对测试结果的影响也给消除掉,是以后该方法的发展方向。更好的强度矫正数学模型正在研究之中。

### 2.5.2 利用衍射方法测量毛细管 X 射线光学器件的角发散度

由于整体平行束 X 光透镜能将发散的 X 射线会聚成具有一定角发散度的准平行光,所以如何正确测量和描述它的角发散度是更好地利用和发展它的基础。目前,测量平行束透镜的角发散度的方法有刀口扫描法和衍射仪法。而在利用平行光透镜时,大体可分为以下两种情况:

(1) 将从平行光透镜出来的 X 射线直接打在样品上。例如它在蛋白大分子晶体衍射中的应用。

(2) 把从平行光透镜出来的 X 射线经过单晶单色器衍射后再打在样品上。例如它在实验室 EXAFS 谱仪中应用。

对于第一种情况,本书建议用刀口扫描法来确定平行光透镜的角发散度,这样更便于指导确定试验方案。原因是用衍射仪法时不可避免地会受到其他因素的影响。对于第二种情况,我们建议用衍射仪法来测量它的角发散度。但用衍射仪法测平行束透镜的角发散度时,采用的办法是在样品台上放上单晶作为单色器,利用波长色散原理测量某特征线的衍射峰,用该衍射峰的半高宽来标志整体平束透镜的角发散度。我们知道,上述衍射峰的半高宽有很多因素决定,这样在不同条件下测量,相同透镜对应的特征线衍射峰的半高宽会不同。本书介绍了针对影响衍射峰半高宽的因素进行的实验研究,具体情况如下:将日本理学 12 kW 转靶粉末衍射仪的靠近 X 光源的索拉狭缝系统换成整体平行束 X 光透镜,在探测器前有时用了索拉狭缝、接收狭缝和防散射狭缝组成的准直系统。针对用衍射仪法测量整体平行束透镜角发散度的实际情况,进行了实验研究,实验发现整体平行束透镜的角发散度的测量值会受到以下几个因素的影响:

(1) 射线源的大小对透镜角发散度测量值的影响。对同一透镜,如果射线源尺寸不同,用同一单色器和在同一能量点测量透镜的角发散度，其数值不同，我们对 01-94-2-9 型号的透镜进行了这方面的测量，其结果如下：在线源为 0.05 mm × 10 mm、点源为 0.3 mm × 0.3 mm 和 0.15 mm × 0.3 mm 的条件下，在特征线 $W\text{-}L_{\alpha_1}$ 能量点，透镜对应的衍射峰的半高宽分别为 0.25°(2$\theta$)、0.21°(2$\theta$)和 0.23°(2$\theta$)。

(2) 接收狭缝尺寸对透镜角发散度测量值的影响。对同一透镜，在测量其角发散度时，在其他特定条件不变的情况下，改变探测器前的接收狭缝，分别在接收狭缝为 0.05 mm、0.15 mm 和 0.3 mm的条件下，测量了 01-9-24-9 型号的透镜的角发散度，其对应的数值分别为 0.1°(2$\theta$)、0.13°(2$\theta$)和 0.18°(2$\theta$)。

(3) 在不同能量点测量透镜的角发散度，其数值会不同。在其他特定条件不变的情况下，在特征线 $W\text{-}L_{\alpha_1}$ 和 $W\text{-}L_{\beta_1}$ 能量点上测量了 01-9-24-9 型号的平行光透镜的角发散度，其对应的衍射峰的半高宽分别为 0.25°(2$\theta$)和 0.2°(2$\theta$)。

(4) 射线管偏压值对透镜角发散度测量值的影响。射线管偏压（日本理学 12 kW 转靶衍射仪的偏压设置很容易手动调节）能影响射线靶有效使用面积，在其他特定条件不变的情况下，偏压为 80 V 和 30 V 时，测量了 01-9-24-9 型号透镜在特征线 $W\text{-}L_{\alpha_1}$ 能量点的角发散度，其数值分别为 0.2°(2$\theta$)和 0.23°(2$\theta$)。

(5) 探测器离单色器的距离对透镜角发散度测量值的影响。由于用粉末衍射仪测平行光透镜的角发散度时，改变了原先衍射仪在用粉末样品做粉末衍射的聚焦圆条件，所以在放置探测器或者接收狭缝时，位置不固定，在其他特定条件不变的情况下，改变装有防散射狭缝的探测器离单色器的距离，探测器离单色器分别为 17 cm 和 27 cm 时，在特征线 $W\text{-}L_{\alpha_1}$ 能量点，测量了 01-9-24-9 型号透镜的角发散度，其数值分别为 0.21°(2$\theta$)和 0.17°(2$\theta$)。

(6) 单色器的性质对透镜角发散度测量值的影响。在其条件相同的情况下，利用不同单色器，测量同一透镜的角发散度，结果会不同。以 Si(111) 为例来说明结果不同的原因：如果采用一级衍射和三级衍射对某特征线进行测量，由于一级衍射在低角处，而三级衍射在高角处，所以测量到的峰的半高宽也不一样，一级衍射和三级衍射相比，一级衍射对应的半高宽数值要小。例如测量01-94-2-9 型号的平行光透镜的角发散度，在钨的特征线 $W\text{-}L_{\alpha_1}$ 能量点，用 Si(111)测量时，其对应特征峰的半高宽为 0.25°(2$\theta$)，而用 Si(444)作为单色器来测量时，其对应的半高宽为 0.35°(2$\theta$)。用 Si(400)作为单色器测量，其对应的半高宽为 0.28°(2$\theta$)。

(7) 单色器没调节好对透镜角发散度测量值的影响。在其他条件不变的情况下，改变单色器的位置可改变同一特征线衍射峰的位置。实验发现：在采用透镜时，特征线衍射峰位置的测量值不同，则此时衍射峰对应的半高宽也会不同，即同一透镜角发散度的测量值也不同。用 Si(111)单色器在钨的特征线 $W\text{-}L_{\alpha_1}$ 能量点，测量了 01-9-24-9 型号透镜的角发散度，衍射峰的位置分别为 27.10°(2$\theta$)和 27.27°(2$\theta$)(和理论值重合)，对应的衍射峰的半高宽数值分别为 0.20°(2$\theta$)和 0.23°(2$\theta$)。

如前所述可见在利用衍射峰的半高宽来描述透镜的角发散度时，测量结果会受到多种因素的影响，所以在用衍射峰的半高宽来描述透镜的角发散度时，要注意点明以下实验条件：

(1) 在探测前是否利用了准直系统，如果用了，应标明准直系统的具体情况。

(2) 是否消除了谐波的影响。

(3) 探测器离单色器多远。

(4) 探测器前是否加了某型号的滤波片。

(5) 点明峰的中心位置，包括理论值和实验值。由理论值和实验值之间的关系，可知道透镜的调试情况或者所用单色器的调节情况。

(6) 所用 X 射线源的尺寸。

## 2.6 毛细管 X 射线光学器件性能的理论计算

国内外对毛细管 X 光光学器件的性能模拟计算主要集中在单毛细管和装配式毛细管 X 光透镜上。在进行模拟计算过程中，主要是利用几何光学的性质，然后利用光线追踪的办法进行模拟；其次是利用蒙特卡罗法从统计的角度进行模拟；还有的也涉及了量子理论，但利用量子理论进行模拟的方法不成熟。因为单毛细管和装配式毛细管 X 光透镜的形状可以准确知道，所以，对它们的模拟也是较成功的。而整体毛细管 X 光透镜是由 30 万根左右的单毛细管一次拉成的，它的几何结构和内部孔径的空间变化是很复杂的，很难准确判断和描述，这对拟合带来了困难。同时不同的单毛细管内壁的粗糙度可能不一样，这些都会影响整体毛细管 X 光透镜的性能。上述困难决定了在模拟整体毛细管 X 光透镜性能时，要想得到和实际情况符合较好的模拟结果，还需要寻找更加切实可行的方法，所以整体毛细管 X 光透镜性能的模拟计算还在探索研究中。

为了克服单毛细管的数量、形状以及毛细管内壁粗糙度对透镜传输效率的影响，在实验测量数据的基础上，建立了整体毛细管 X 光透镜传输效率密度的数学模型，模拟了透镜的传输性质，将该数学模型的模拟结果和实验结果进行了比较[6]。

毛细管 X 光透镜是一种非线性光学器件，靠近透镜中心轴线部分毛细管的弯曲程度比边缘部分毛细管的弯曲程度小，这导致了透镜中心部分毛细管的传输效率比边缘部分毛细管的传输效率高。鉴于透镜的传输特点，可以用一个小孔来遮挡透镜的入口断面，然后通过实验测量出透镜入口不同位置处几个小面积（小孔的面积）范围内的传输效率，利用这些传输效率，可以得到透镜入口不同位置处单位面积上传输效率（传输效率密度）的分布曲线，基于该传输效率密度分布曲线，可通过积分得到透镜任意部分的传输效率，这对认识透镜的传输效率和对透镜的应用是很有帮助的。

为了进一步说明 X 光在毛细管 X 光透镜不同部位的传输特点，以整体毛细管 X 光半会聚透镜为例，测量了它的性能。

如图 2-43 所示，在整体毛细管 X 光半会聚透镜和光源之间放置一个直径为 500 μm 的小孔，让小孔沿垂直于透镜中心轴线方向扫描，当小孔处在不同位置时，测量整体毛细管 X 光半会聚透镜 3 的传输效率。测量结果如图 2-44 所示。图 2-44 中，$z=0$ 对应于小孔在整体毛细管 X 光半会聚透镜 3 的中心轴线上，$z=200\ \mu m$ 对应于小孔位于离开整体毛细管 X 光半会聚透镜 3 的中心轴线 200 μm 的位置，变量 $z$ 其他取值的意义以此类推。由图2-44可看出，在垂直于整体毛细管 X 光半会聚透镜中心轴线截面的不同位置处，透镜传输效率的差别很大，随着小孔离开整体毛细管 X 光半会聚透镜中心轴线距离的增加，相应的传输效率降低，相应的传输效率曲线峰值点位置向低能方向的偏移量也增加，这是由于构成该透镜单毛细管的弯曲度是不均匀的，离透镜中心轴线越远位置处的单毛细管弯曲度越大，这不利于 X 射线（尤其是高能 X 射线）在毛细管中传输。

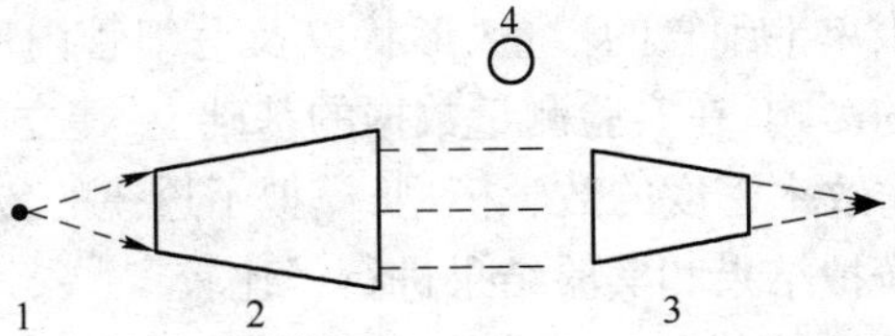


图 2-43　测量整体毛细管 X 光半会聚透镜性能的实验装置示意图

1，2—X 射线光源；3—X 光透镜；4—小孔

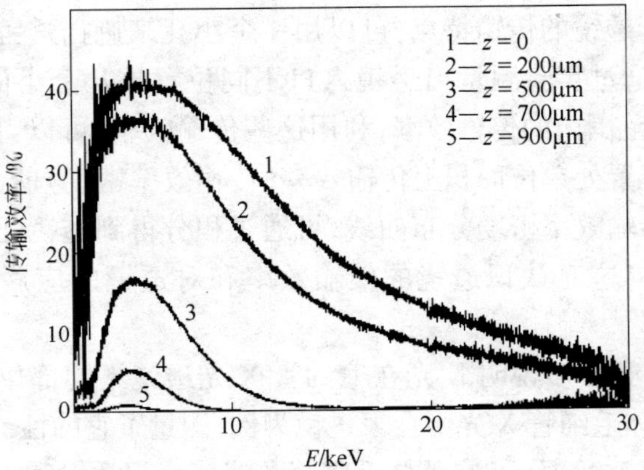


图 2-44　透镜中心线以上不同部分的传输效率

图 2-44 是小孔从透镜中心轴线位置向透镜的一侧移动时，透镜入口不同位置处传输效率的变化情况，由于透镜的传输性能沿着垂直于透镜中心轴线的方向上是对称的，因此，当小孔从透镜中心轴线位置向透镜的任意方向移动时，透镜入口不同部位传输效率的变化情况和图 2-44 相似。图 2-45 是小孔从透镜中心轴线位置移向透镜的另一侧时，透镜入口处不同部位传输效率的变化情况。由图 2-44 和图 2-45 得到该透镜在 5 keV 能量点，且小孔离开透镜中心轴线不同距离时传输效率的值，如图 2-46 所示。

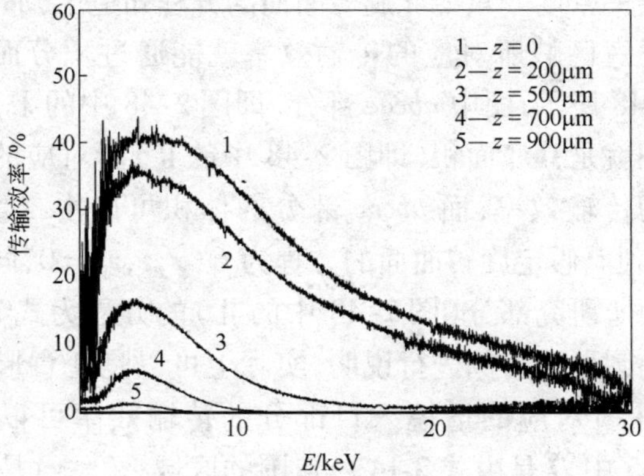


图 2-45　透镜中心线以下不同部分的传输效率曲线

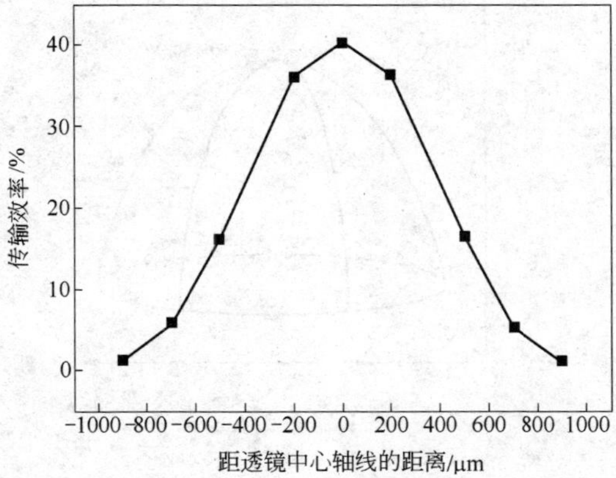


图 2-46　在 5 keV 能量点时透镜不同部位的传输效率曲线

由图 2-46 可以得到透镜入口端面不同部位传输效率密度的分布曲线，显然，传输效率密度曲线的形状是和图 2-46 的形状相似的。基于图 2-46 所示传输效率曲线形状和透镜传输性能沿垂直于透镜中心轴线方向上的对称性，可以利用旋转曲面来模拟透镜入口不同部位的传输效率值。假设图 2-47 是通过实验数据得到的透镜传输效率密度旋转曲面，下面以图 2-47 所示的旋转曲面为例说明如何得到透镜入口端面上不同区域的传输效率值。在图 2-47 中，坐标$(x,y,z)$表示透镜入口端面上任意点$(x,y)$处对应的透镜传输效率密度。只要此旋转曲面的方程知道了，那么，透镜入口断面上任意区域所对应的传输效率就能通过积分而得到。譬如，如图 2-48 所示，图中 *abcde* 部分（即图 2-48 中的Ⅰ）的体积除以其底面积就是其底面积（即图 2-48 中的Ⅱ）所对应的透镜入口端面部分的传输效率，而 *abcde* 部分的体积可以由二重（或者三重）积分得到。假定旋转曲面的方程为 $f_1(x,y,z)=0$，同时假设透镜入口端面所研究部分（图 2-48 中的Ⅱ）的方程为式 2-14（这里以一般的椭圆形式为例进行说明，实际上可以是任意形状），则图 2-48 中的Ⅱ所对应的透镜入口部分的传输效率可以表示为式 2-15，式 2-15 中 $D$ 是由式 2-14 所包围的区域，$z(x,y)$ 是 $D$ 范围内不同点处透镜的传输效率密度，可由 $f_1(x,y,z)=0$ 得到。

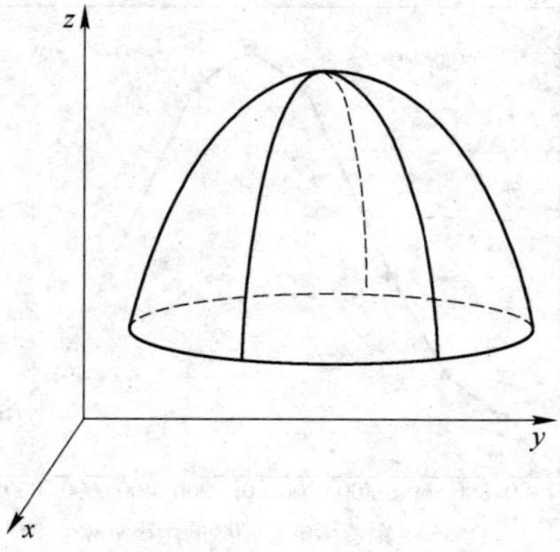


图 2-47　透镜传输效率密度旋转曲面示意图

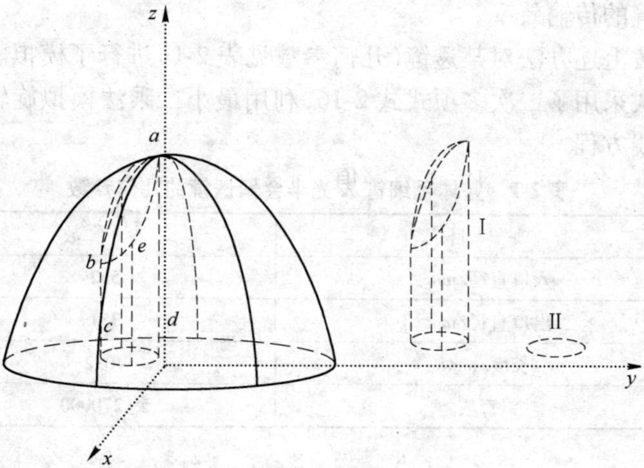


图 2-48　通过传输效率密度旋转曲面积分得到透镜传输效率示意图

$$\frac{(x-x_c)^2}{c^2}+\frac{(y-y_c)^2}{d^2}=1 \qquad (2\text{-}14)$$

式中　$x_c$——椭圆中心的横坐标；

$y_c$——椭圆中心的纵坐标。

$$\eta = \frac{\iint\limits_D z(x,y)\,dx\,dy}{\iint\limits_D dx\,dy} \qquad (2\text{-}15)$$

旋转曲面的母线方程$\begin{cases} f_2(y,z)=0 \\ x=0 \end{cases}$可由实验数据拟合得到，而$f_2(\pm\sqrt{x^2+y^2},z)=0$就是旋转曲面的方程$f_1(x,y,z)=0$，所以，如何由实验数据得到高质量的旋转曲面母线方程是该拟合的关键。

在拟合旋转曲面的母线方程$\begin{cases} f_2(y,z)=0 \\ x=0 \end{cases}$时，所用的实验数据是小孔从透镜中心向一个方向扫描得到的。

通过测量几个点的传输效率，然后就可根据上述办法模拟整个透镜的传输效率。

按上述办法对某透镜(几何参数见表 2-1)进行了模拟。拟合多项式采用了二次多项式式 2-16,利用最小二乘法模拟旋转曲面的母线方程。

**表 2-1 整体毛细管 X 光半会聚透镜的几何参数**

| 项　目 | 参　数 |
|---|---|
| 入口直径/mm | 5.2 |
| 出口直径/mm | 3.1 |
| 长度/mm | 40.2 |
| 单管数 | 约 270000 |

$$z(x) = a_0 + a_1 y + a_2 y^2 \tag{2-16}$$

在 5 keV 能量点的实验数据($y$, $z$)为:(0, 0.4048/($\pi \cdot 2.5^2$))、(2, 0.3632/($\pi \cdot 2.5^2$))、(5, 0.1638/($\pi \cdot 2.5^2$))、(7, 0.0521/($\pi \cdot 2.5^2$))和(9, 0.0104/($\pi \cdot 2.5^2$)),$y$ 的单位为 100 μm。拟合后的此多项式为式 2-17:

$$z(x) = 0.0215 - 0.0026y + 0.000022y^2 \tag{2-17}$$

式 2-17 就是在 5 keV 能量点时该透镜的传输效率密度旋转曲面的母线方程。

考虑到旋转曲面的性质,透镜在 5 keV 能量点的传输效率可以写成:

$$\eta = \frac{2}{\pi \cdot R^2} \cdot \iint_W [0.0215 + 0.0026\sqrt{x^2 + y^2} + 0.000022(x^2 + y^2)]\,dxdy \tag{2-18}$$

式中　$R$——透镜入口端的半径 $R = 26$,单位为 100 μm;

$W$——入口端面的范围。

考虑到式 2-18 中被积函数的性质,在积分时,转换成极坐标。最后的积分结果(模拟结果)为:在 5 keV 能量点时透镜的传输效率 $\eta = 14.8\%$;在 5 keV 能量点时透镜传输效率实际测量值为:14.3%。

毛细管 X 光透镜和其他光学器件组合使用时,X 光透镜的入口端面往往得不到全面的利用,这就需要对入口端面不同部分的传输特性有个整体的认识,只有这样,才能事先确定组合系统是否合适。而本章提出的办法,可以解决此问题。

在测量装配式毛细管平行束 X 光透镜性能时,由于该类型透镜的出口端面积较大,而探测器的探测窗口一般要小于该类型透镜的出口端面积,这就为测量其性能带来了不便;此外,测量整体毛细管 X 光透镜的传输效率时,虽然整体毛细管 X 光透镜的出口端面积一般小于探测器的探测窗口面积,但由于经整体毛细管 X 光透镜会聚的 X 射线的强度较大,以至于在大能量范围内同时测量透镜的传输效率时,经常会受到探测系统死时间的制约。在上述这些情况下,可以在透镜入口端加一个小孔,然后,在探测器处在低死时间状态下,通过移动小孔,测量几个点的传输效率,然后利用本章提到的数学模型就可得到透镜整体的传输效率,这样就可以做到"知部分而知全体"。

毛细管 X 光透镜性能的提高基于用户充分利用透镜后所返回的要求,而用户充分利用的透镜的基础是对透镜性能有很好的认识。本节提供了一种认识毛细管 X 光透镜的新方法,这有利于透镜使用者方便地认识透镜的性能,从而有利于 X 光透镜研制技术的进一步提高。

## 参 考 文 献


[1] 孙天希. X 光透镜性能研究及其在实验室 EXAFS 谱仪中的应用[D]. 北京:北京师范大学,2003.

[2] SUN Tianxi, DING Xunliang. Study on the measurement of properties of polycapillary X-ray lens [J]. Nucl. Instrum. Methods Phys. Res. B, 2004, 226: 651 ~ 658.

[3] SUN Tianxi, DING Xunliang. Determination of the properties of a polycapillary X-ray lens [J]. X-RAY SPECTROMETRY, 2006, 35: 120 ~ 124.

[4] SUN Tianxi, DING Xunliang. Measurements of energy dependence of properties of polycapillary X-ray lens by using organic glass as a scatterer [J]. J. Appl. Phys.,

2005, 97: 124904(1) ~ 124904(7).
[5] 孙天希,刘志国,汪燕,等. 利用背散射方法测量整体 X 光透镜的性能 [J]. 核技术,2006,29(5):339 ~ 343.
[6] 孙天希. 毛细管 X 光透镜性能研究及其在 XAFS 和 EDXRD 分析技术中的应用 [D]. 北京:北京师范大学,2006.

# 3 毛细管 X 射线光学器件在 XAFS 分析技术中的应用

本章主要介绍了平行束 X 光透镜和会聚透镜在实验室 EXAFS 分析技术中的应用，同时还介绍了半会聚透镜在同步辐射微区 XAFS 分析技术中的应用。

## 3.1 毛细管 X 射线光学器件在实验室 EXAFS 分析技术中的应用

实验室 EXAFS 谱仪发展至今已达到了较高的水平，虽然现在大部分 EXAFS 谱是在同步辐射源上得到的，但由于实验室EXAFS 谱仪具有方便等优点，所以它仍具有较强的生命力。现在大部分实验室 EXAFS 谱仪都是利用弯晶作单色器，但因商品化的弯晶 EXAFS 谱仪的机械调节机构和弯晶制作工艺都较复杂，所以价格昂贵。利用粉末衍射仪改装而成的弯晶 EXAFS 谱仪，需要对衍射仪做很大的改动，并且做很多附件。利用粉末衍射仪的平晶 EXAFS 谱仪，通过平晶单色器得到的 X 光的强度较弯晶 EXAFS 谱仪的强度弱。近十年来发展起来的整体平行束 X 光透镜，可以在大能量范围内将发散的 X 光会聚成准平行光，所以在 X 射线衍射技术中有广泛的应用[1]。本书介绍了将整体平行束 X 光透镜应用于实验室 EXAFS 谱仪的情况。

### 3.1.1 平行束 X 光透镜应用于实验室 EXAFS 分析技术中的实验研究

#### 3.1.1.1 实验装置

将日本理学 12 kW 转靶粉末衍射仪的靠近 X 光源的索拉狭

缝系统换成整体平行束X光透镜，在探测器前用了索拉狭缝、接收狭缝和防散射狭缝组成的准直系统（如图2-39所示）。

3.1.1.2　实验方法与结果

实验过程中选用了下列器材：钼靶，钨灯丝，NaI闪烁探测器，12 μm厚的铜薄膜样品，Si(444)平晶单色器，焦距为74 mm、长度为50 mm、入口直径为5 mm、出口直径为7 mm的整体平行束透镜。

透镜在所测能量范围内各能量点的传输效率如图3-1所示，由于钨的杂质特征谱线的影响，在8.4 keV和9.7 keV附近，传输效率曲线出现较大的波动，但不影响对平行光透镜传输性能的认识。由传输效率曲线可知，在要测得铜样品的吸收限附近有较高的传输效率。

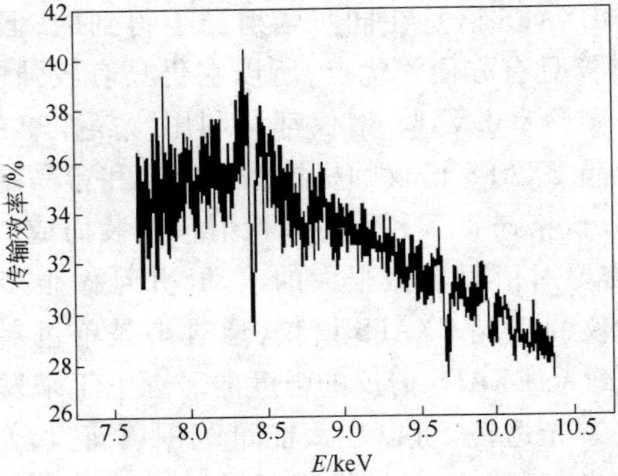


图3-1　所采用透镜的传输效率

在装有整体平行束透镜情况下，采用0.3 mm×0.3 mm点源，这种型号的钼靶允许的最大功率为3.2 kW，管压和管流分别采用25 kV和120 mA，利用脉冲高度分析器消除谐波影响，在探测器前放上索拉狭缝和适当的接收狭缝、防散射狭缝，在9.92 keV能量点，计数率达到$3.5\times10^4$次/s，此时，在钨的杂质特征谱线$W\text{-}L_{\beta_1}$能量点处，该EXAFS谱仪的能量分辨率为15 eV（计算值，未扣除该特征谱线的自然宽度）。为了比较，测量了 0.025 mm × 10 mm 线源情况下，用狭缝系统时，仪器所能同时达到的计数率和能量分辨率，管压和管流分别采用 25 kV 和 120 mA ，在 9.92 keV 能量点，计数率达到 $3.68 \times 10^4$ 次/s，在钨的杂质特征谱线 $W\text{-}L_{\beta_1}$ 能量点处，能量分辨率为 16 eV（计算值，未扣除该特征谱线的自然宽度）。

用透镜和用索拉狭缝两种情况下的功率密度比较如下：首先利用 0.025 mm × 10 mm 线源，接收狭缝为 0.15 mm，防散射狭缝和散射狭缝都为 1°，用 Si(111) 单色器，在 23° ~ 29° 范围内扫描得强度能量谱线（图 3-2 中的 2 号谱线），然后将线源换成 0.3 mm × 0.3 mm 点源，将靠近光源的索拉狭缝换成整体平行光透镜，接收狭缝为 0.15 mm，防散射狭缝为 1°，用 Si(111) 单色器，在 23° ~ 29° 范围内扫描得强度能量谱线（图 3-2 中的 1 号谱线）。由图 3-2 可知，由于整体平行束透镜可将发散的 X 射线会聚成准平行光，所以将狭缝换成透镜后，在接收狭缝处的平均功率密度提高了。

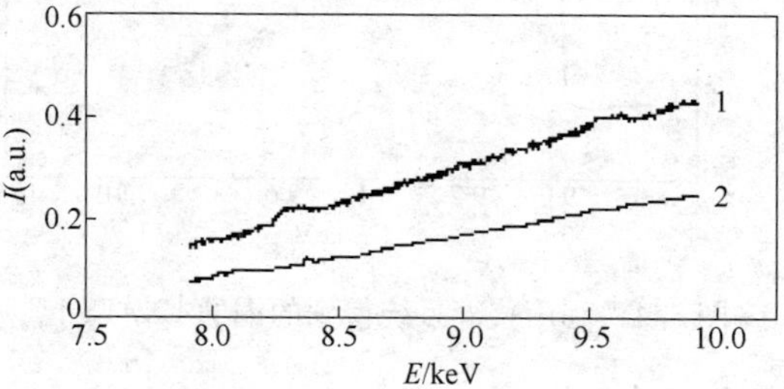


图 3-2　强度曲线比较图

在利用整体平行束透镜测量 EXAFS 时，采用样品摆出和摆进的方法，采用连续扫描，样品采集间隔点小于 2 eV，采集谱的时间为 3 h，实验结果如图 3-3 所示。为了比较，给出了用狭缝系统得到铜的 EXAFS 谱（见图 3-4）。

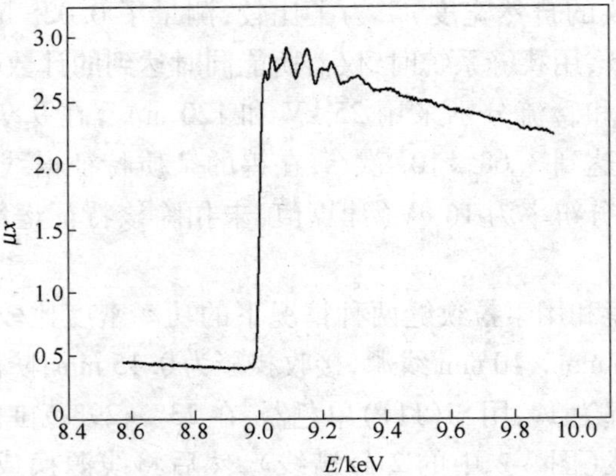


图 3-3 利用整体平行束透镜得到的铜的 EXAFS 谱

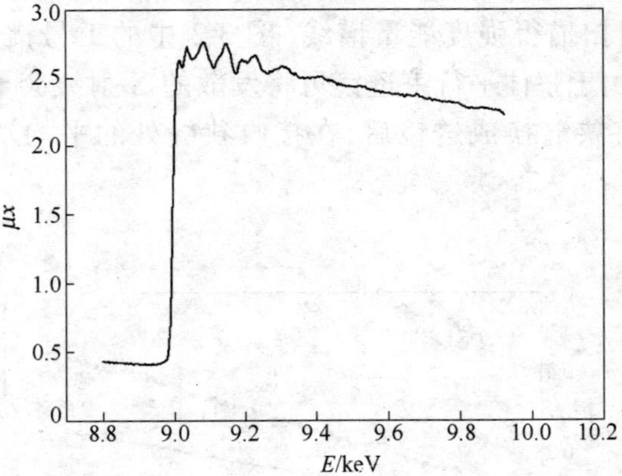


图 3-4 利用狭缝系统得到的铜的 EXAFS 谱

#### 3.1.1.3 讨论

选择合适的材料和先进的制作工艺制造角发散度小的平行光透镜，这便于提高谱仪的能量分辨率。为了在实验室利用线源以便更好地同时提高强度和能量分辨率，设计线焦斑整体平行束 X 光透镜。在该实验过程，在探测器前放了索拉狭缝、接收狭缝和防散射狭缝来准直进入探测器的 X 射线，而从平行束 X 光透镜出来的光束是圆形准平行光束，有一部分光线未被利用。所以如果在探测器前采用整体毛细管准直器或圆柱形准直器效果会更好。

### 3.1.2 毛细管 X 射线光学器件在实验室 EXAFS 分析技术中应用的理论研究

本书根据整体平行束透镜的特点及基本实验的特点，对实验现象提出了具体的理论分析，为更好地进行本实验研究打下了理论基础。

#### 3.1.2.1 能量分辨率

由于整体平行束透镜的设计原理是 X 射线全反射，所以存在临界角的问题，这就决定了发散的 X 射线经平行束透镜会聚成的 X 射线束为准平行光，即具有一定角发散度；从而也决定了用它来采集 EXAFS 谱时，要采取晶面间距小的或含较重元素晶体作为单色器，来提高整个谱仪的能量分辨率，具体分析如下。

首先分析入射 X 射线束发散引起的谱线色差。由布喇格公式可知，X 射线经过晶体衍射后的色散为：

$$\frac{\Delta\lambda}{\lambda}=\frac{\Delta E}{E}=\cot\theta\cdot\Delta\theta \tag{3-1}$$

为方便起见，能量分辨率$\frac{\Delta E}{E}$常用谱线的能量展宽 $\Delta E$ 来表征，

$$\Delta E=E\cot\theta\cdot\Delta\theta=E\left[\left(\frac{2dE}{12.398}\right)^2-1\right]^{\frac{1}{2}}\Delta\theta \tag{3-2}$$

式中 $d$——单色器晶格常数，即 $\Delta E$ 越小表示分辨率越高。

为了简化讨论，假定 X 射线源为点源[2]（线源可以看成是点源的集合）。

图 3-5 表示平晶单色器的反射几何，这里只取晶体的上半部分（下同），由 $S$ 发出的 X 射线在 $O$ 处的布喇格角为 $\theta_0$，对应 X 射线的能量为 $E$，反射线为 $OF$，接收狭缝在 $F$ 处置于垂直于 $OF$ 的平面内，$OF=OS=a$，在晶面上取 $O$ 点为坐标原点，$L$、$H$ 分别为两坐标轴。晶面上任意一点 $P(l,h)$ 处，入射线与晶面夹角为 $\theta$，则求出

$$\sin\theta = \frac{a \cdot \sin\theta_0}{(l^2 + h^2 + a^2 + 2al\cos\theta_0)^{\frac{1}{2}}} \quad (3\text{-}3)$$

由于入射线为连续谱，任何 $\theta$ 都可有满足布喇格条件的反射。由式 3-1 可得 $P$ 点和 $O$ 点处反射线之间的色差为

$$\Delta E_G = \frac{E}{a}(l^2 + h^2 + a^2 + 2al\cos\theta_0)^{\frac{1}{2}} - E \quad (3\text{-}4)$$

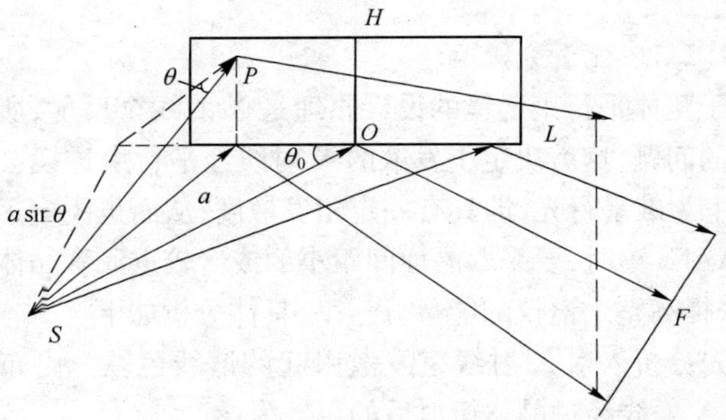


图 3-5　平晶单色器的反射几何示意图

由式 3-4 很容易看出，在不用整体平行束透镜而是用狭缝准直系统准直由 $S$ 发出的 X 射线时，可以通过减小接收狭缝的宽度来提高分辨率。用平行束 X 光透镜时，使得由 $S$ 点发出的发散的 X 射线变为准平行光而打在单色器上，根据布喇格反射原理可知，经单色器反射的 X 射线也变为准平行光，所以，此时再用改变接收狭缝的宽度来提高分辨率，效果不是很明显，实验已证明，此时再利用减小接收狭缝的办法来提高分辨率时，会很大程度上牺牲计数率，得不偿失。而根据式 3-1 或式 3-2 可知，可以采取晶面间距小的晶体来提高分辨率。

下面给出一些实验结果来证明前面的理论分析是正确的。

为了更好地改进实验室 EXAFS 谱仪，通过试验，比较了线源加索拉狭缝准直系统和点源加透镜这两种情况下，经单色器 Si(111) 反射后的 X 射线能量变化率随接收狭缝的变化而变化情况。

首先利用 0.5 mm × 10 mm 线源，出射角为 6°，接收狭缝为 0.15 mm，防散射狭缝和散射狭缝都为 1°，测量了钨的杂质特征谱线 $W\text{-}L_{\alpha_1}$ 的半高宽，其数值为 0.07°(2$\theta$)；接收狭缝为 0.05 mm，防散射狭缝和散射狭缝都为 0.5°，测量了钨的杂质特征谱线 $W\text{-}L_{\alpha_1}$ 的半高宽，其数值为 0.039°(2$\theta$)。然后将线源换成 0.3 mm × 0.3 mm 点源，将靠近光源的索拉狭缝换成整体平行光透镜，出射角为 6°，在此情况下，我们在探测器臂上的准直系统不同的情况下，测量了以下几种情况下钨的杂质特征谱线 $W\text{-}L_{\alpha_1}$ 的半高宽：(1)接收狭缝为 0.15 mm，防散射狭缝为 1°；(2)接收狭缝为 0.05 mm，防散射狭缝为 0.5°；(3)长度为 8 cm、内直径为 2 mm 的准直管；(4)长度为 15 cm、内直径为 2 mm 的准直管；(5)双索拉狭缝(将拆下来的靠近光源的索拉狭缝放在探测器前，把它放成竖直形的索拉狭缝)另加 1°的防散射狭缝；(6)整体平行光透镜；(7)整体平行光透镜加索拉狭缝另加 0.15 mm 的接收狭缝和 1°的防散射狭缝(目的是想模拟粉末衍射聚焦原理)；(8)整体毛细管准直透镜。以上各种情况对应的半高宽(2$\theta$)分别为：(1)0.147°；(2)0.114°；(3)0.167°；(4)0.113°；(5)0.269°；(6)0.163°；(7)0.275°；(8)0.219°。

下面分析单色器吸收引起的谱线色差。

由于讨论的并非理想完整晶体，可将晶体的吸收近似地表示为

$$I = I_0 e^{-2x\mu} \tag{3-5}$$

式中 $\mu$——X 射线的吸收系数；

$2x$——晶体中入射线和反射线路径之和。

在平晶单色器中穿透深度会引起在接收狭缝处形成一个强度分布(如图 3-6 所示)，而产生

$$\Delta\theta = \frac{x\sin(2\theta)}{a}$$

$$\Delta E_{\mathrm{A}} = \frac{2Ex\cos^2\theta}{a} \tag{3-6}$$

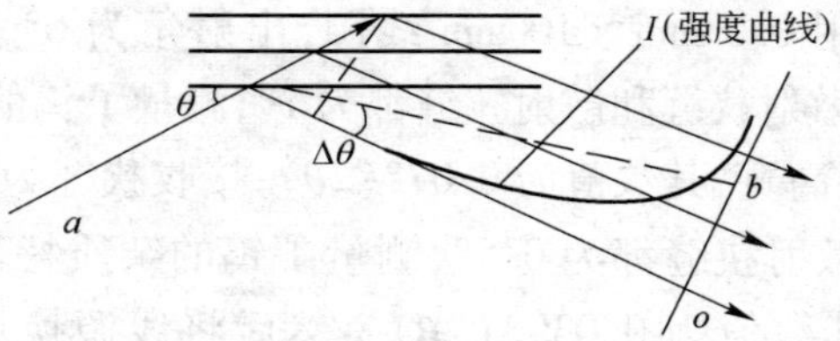


图 3-6　接收狭缝处强度分布示意图

其效果是使谱线向高能方向展宽。式 3-6 中 $\Delta E_A$ 是在单色器中心处的色差，在晶面各处都是类似的。可认为在单色器各处 $\Delta E_G$ 上都附加了 $\Delta E_A$ 的色差。可以将它们的平均偏差按平方相加的办法叠加，求出总的均方偏差。

如果用平行束透镜将 $S$ 点（图 3-5）发出的发散的 X 射线会聚成准平行光，则在 $OH$ 左侧，入射线（大部分）和晶面的夹角变小，在 $OH$ 右侧入射线（大部分）和晶面的夹角变大，由式 3-6 可看出入射线和晶面夹角变小会导致 $\Delta E_A$ 变大，反之亦然。同时，入射角变小会导致 $x$ 变小，从而导致 $\Delta E_A$ 减小。将式 3-6 两边取微分得

$$d(\Delta E_A) = \frac{-2Ex\sin(2\theta)}{a}d\theta + \frac{2E\cos^2\theta}{a}dx \tag{3-7}$$

由式 3-7 式很难判断由于 $\theta$ 变化而导致的 $\Delta E_A$ 变化趋势。下面从另一个角度来分析这个问题。

实际上各种因素引起的能量色差 $\Delta E$ 是直接或者间接与 X 射线强度有关的分布函数，这一点在吸收的影响中已很明显。因此可以用均方偏差求出 $\Delta E$ 的平均偏差值 $(\Delta E)_r$：

$$(\Delta E)_r = (\overline{\Delta E^2} - \Delta\overline{E}^2)^{\frac{1}{2}} \tag{3-8}$$

其中

$$\overline{\Delta E^2} = \frac{\int(\Delta E)^2 I_{(\Delta E)}d(\Delta E)}{\int I_{(\Delta E)}d(\Delta E)} \tag{3-9}$$

$$\overline{\Delta E} = \frac{\int \Delta E I_{(\Delta E)}d(\Delta E)}{\int I_{(\Delta E)}d(\Delta E)} \tag{3-10}$$

式中　$I_{(\Delta E)}$——$\Delta E$ 处 X 射线的强度。

式 3-8 得到的$(\Delta E)_r$ 是对于 $\Delta E$ 的偏差,表明 $\Delta E$ 的平均值不一定为零,即测得的 X 射线能量值并非严格为布喇格条件求出的 $E$ 值。相当于整个谱线有一个很小的相对位移,这在实验测量中,如 EXAFS 的测量中,不会对结果发生影响。

穿透深度形成的 $I_{(\Delta E)}$ 的分布,前面已讨论过。则单色器吸收因素引起的$(\Delta E)_r$ 可通过把式 3-4 和式 3-5 代入式 3-8 ~ 式 3-10,积分限取 $x=0\rightarrow\frac{1}{\mu}$,求得

$$(\Delta E_A)_r=\frac{0.53E\cos^2\theta}{a\mu} \tag{3-11}$$

换上透镜后,在 $OH$ 左侧,入射线(大部分)和晶面的夹角变小,在 $OH$ 右侧入射线(大部分)和晶面的夹角变大,由式 3-11 可看出入射线和晶面夹角变小会导致 $\Delta E_A$ 变大,反之亦然。

为了讨论在某 $\theta$ 特定值,$(\Delta E_A)_r$ 随 $\theta$ 变化而变化的情况,将式 3-11 两边取微分得

$$d((\Delta E_A)_r)=\frac{-0.53\sin(2\theta)}{a\mu}d\theta \tag{3-12}$$

在 $OH$ 右侧,入射线和晶面的夹角(用狭缝情况下)小,由于 $\sin(2\theta)$ 在扫描的范围($8°<2\theta<70°$)内是增函数,所以在 $OH$ 右侧,$d((\Delta E_A)_r)$ 普遍小,同理可分析得,在 $OH$ 左侧,$d((\Delta E_A)_r)$ 普遍大,所以左右平均效果是$(\Delta E)_r$ 变大。即由于晶体吸收的原因会出现以下结论:单从吸收方面分析,如果在相同单色器情况下,点源加透镜系统的分辨率和线源加索拉狭缝系统的分辨率相比,前者较低。这就说明在用透镜时,要合适地选择较重元素组成(吸收系数大)的单色器以提高整个谱仪的分辨率。

影响能量分辨率的因素很多,譬如单色器、入射束发散度和光源焦斑尺寸等。因为摇摆线的原因,在选择单色器时应注意选用完整的单晶体,同时还要考虑单色器结构因素和面间距等因素的影响;狭缝宽度对分辨率影响很大,尤其是接收狭缝,狭缝越窄,分

辨率越高;应选择细焦斑光源。

由上述可知,几乎所有提高分辨率的手段都是以牺牲计数强度为代价,因此有必要选择最佳的实验仪条件。

3.1.2.2 谐波影响

鉴于以上分析和考虑到仪器方面的情况,采用了具有较小晶面间距($d$)的单晶作为单色器,具体做法是:采用 Si(111)的四级衍射(或者说 Si(444))。但由此带来了谐波问题,此时测量钨的杂质特征谱线 $W\text{-}L_{\alpha_1}$ 的半高宽,数值为 0.35°。其对应的能量分辨率为 10 eV 左右,能量分辨率达到了 EXAFS 谱的要求,但需要解决谐波问题,此时谐波包括高次谐波和低次谐波,因为 Si(111)、Si(333)和 Si(555)(主要是这三个晶面)反射的谐波要影响 EXAFS 谱的质量。具体影响结果是使 EXAFS 谱的振幅降低。

具体理论分析为:X 射线源发出的 X 射线经(选定某特定晶面)单色器入射到样品上,若不包含谐波,强度为 $I_0$,通过厚度为 $x$、线吸收系数为 $\mu$ 的样品后,强度为 $I = I_0 e^{-\mu x}$。如果入射 X 射线中包含谐波,谐波强度为 $\sum\limits_n \alpha_n I_0$,$n$ 为谐波级次,$\alpha_n$ 为 $n$ 次谐波强度与强度 $I_0$ 之比。通过样品后谐波强度为 $\sum\limits_n \alpha_n I_0 e^{-\mu_n x}$,$\mu_n$ 为 $n$ 次谐波能量时样品吸收系数,则样品吸收前后的强度分别为 $I_0 + \sum\limits_n \alpha_n I_0$ 及 $I_0 e^{-\mu x} + \sum\limits_n \alpha_n I_0 e^{-\mu_n x}$。这时测量得到的吸收系数和没有谐波时不同。设测得的吸收系数为 $\mu'$,则有 $I_0 + \sum\limits_n \alpha_n I_0 = (I_0 e^{-\mu x} + \sum\limits_n \alpha_n I_0 e^{-\mu_n x}) e^{-\mu' x}$,即:

$$\mu' x = \ln \frac{1 + \sum\limits_n \alpha_n}{e^{-\mu x} + \sum\limits_n \alpha_n e^{-\mu_n x}} \tag{3-13}$$

在吸收限的高能侧,随着能量的增加,吸收系数 $\mu(E)$ 存在精细结构。即相对于单调变化的孤立原子的吸收系数 $\mu_0(E)$,$\mu(E)$ 出现振荡。这种振荡的幅度很小,故可以将 $\mu(E)$ 在 $\mu_0(E)$ 附近做

泰勒展开，从而求得

$$\delta(\mu' x) \approx \frac{\delta(\mu x)}{1 + \sum_{n} \alpha_n \exp\{[\mu_0(E) - \mu_n(E/n)x]\}}$$

在具体实验条件下，上式求和时 $n$ 只取 1、3、5 即可。

由此可知，即使是样品的厚度适当，不存在厚度效应，当存在谐波时，测定的吸收限高能侧吸收系数振荡的幅度 $|\delta(\mu' x)|$ 比真实的振荡幅度 $|\delta(\mu x)|$ 要小。为了得到高质量的 EXAFS 谱，必须设法排除谐波的影响。

对于普通 X 射线源，降低谐波的方法有：降低管压；使用脉冲高度分析器；样品放在单测器前发散狭缝处较好；样品的厚度使吸收限短波侧吸收前后射线强度比 $\frac{I}{I_0} = \frac{1}{3}$，可以满足一定要求，或者根据吸收限跃变高度来定样品的厚度：$\Delta\mu_0 \cdot d \approx 1$，此时样品厚度不均匀带来的影响或部分谐波可消除（$\Delta\mu_0 \cdot d \geqslant 1.5$ 时，就会使 EXAFS 谱产生畸变）。

## 3.2 毛细管 X 射线光学器件在实验室微区 EXAFS 分析技术中的应用

近十几年来发展起来的整体会聚 X 光透镜（monolithic polycapillary focusing X-ray lens，MPFXRL）可以在大能量范围内将发散的 X 光会聚为 10 μm 数量级的微焦斑，功率放大倍数在 $10^3$ 数量级，所以被广泛应用于 X 射线分析技术中。本书设计了一种基于 MPFXRL 和位置灵敏正比计数探测器（position-sensitive proportional counter，PSPC）的新型实验室微区 EXAFS 谱仪[3,4]。

### 3.2.1 基于毛细管会聚 X 光透镜和位置灵敏正比计数探测器的实验室微区 EXAFS 谱仪

#### 3.2.1.1 原理与构成

图 3-7 是基于 MPFXRL 和 PSPC 的微区 EXAFS 谱仪原理图。

MPFXRL 将光源产生的发散 X 光会聚成微焦斑，会聚后的 X 光经过平面单色器色散后被 PSPC 探测。在 MPFXRL 焦斑位置处放置待测样品。

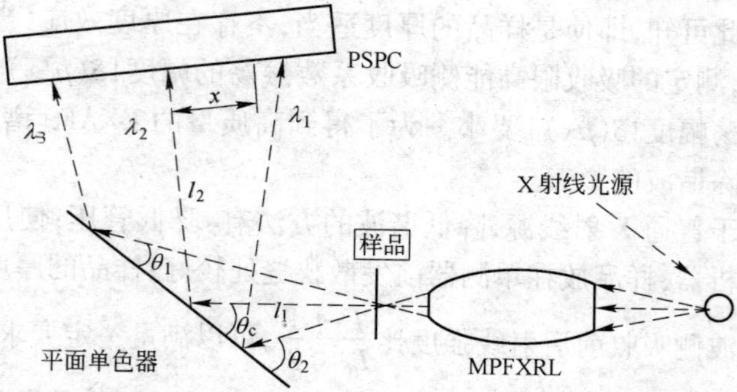


图 3-7　基于 MPFXRL 和 PSPC 的微区 EXAFS 谱仪示意图

3.2.1.2　MPFXRL 的特性

图 3-8 和图 3-9 分别是 MPFXRL 的传输效率和焦斑直径随着能量的变化关系曲线，该透镜的其他性能参数见表 3-1。

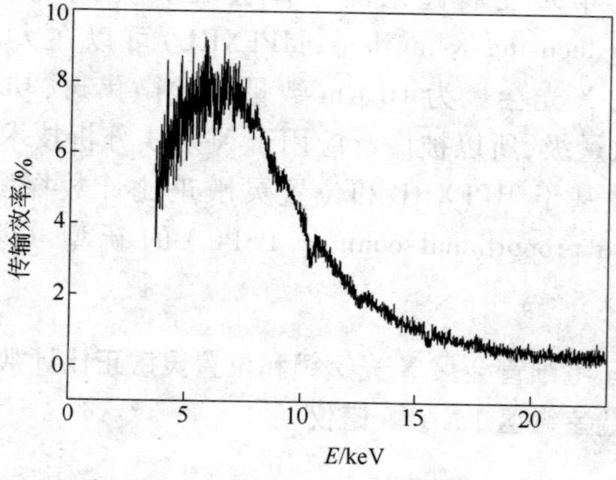


图 3-8　MPFXRL 传输效率和能量的关系曲线

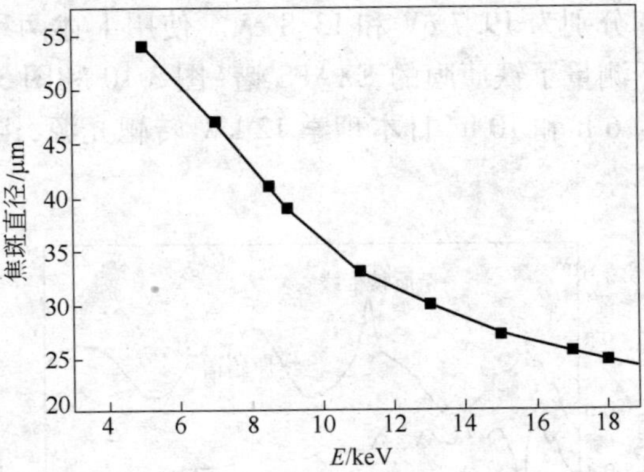


图 3-9　MPFXRL 焦斑直径和能量的关系曲线

**表 3-1　MPFXRL 的性能参数**

| 项　　目 | 参　数 |
|---|---|
| 长度/mm | 86.0 |
| 入口焦距/mm | 70.0 |
| 出口焦距/mm | 13.0 |
| 在 17.0 keV 的功率放大倍数 | 3000 |
| 在 17.0 keV 的等效距离/mm | 2.3 |
| MPFXRL 焦斑后面的 X 光束在 8.0 keV 的发散度/(°) | 5 |

3.2.1.3　PSPC 的特性

本谱仪所采用的位置灵敏探测器是德国制造的流气式的 PSPC，它是由直径为 20 μm 的铂金丝阳极和两个相互绝缘的半阴极组成。X 射线入口铍窗的宽度和高度分别为 50 mm 和 10 mm，铍膜厚 400 μm，计数器采用 P10 气体(90% 的氩和 10% 甲烷混合气体)作为工作气体，气压为 $7.5\times10^5$ Pa。探测器的高压为 3.6 kV。利用由宽度为 5 μm 和 15 μm 的两个狭缝组成的光栏测得该 PSPC 的空间分辨率为 72 μm。

3.2.1.4　实验结果

分别使用 Si(111)和 LiF(220)单色器时，本谱仪对 $W\text{-}L_{\beta_1}$ 线的

能量分辨率分别为 19.7 eV 和 13.8 eV。使用上述两种单色器在室温条件下测量了铁薄膜的 EXAFS 谱(图 3-10 和图 3-11),测谱时间分别为 6 h 和 10 h(日本理学 12 kW 转靶光源,钼靶:20 kV,50 mA)。

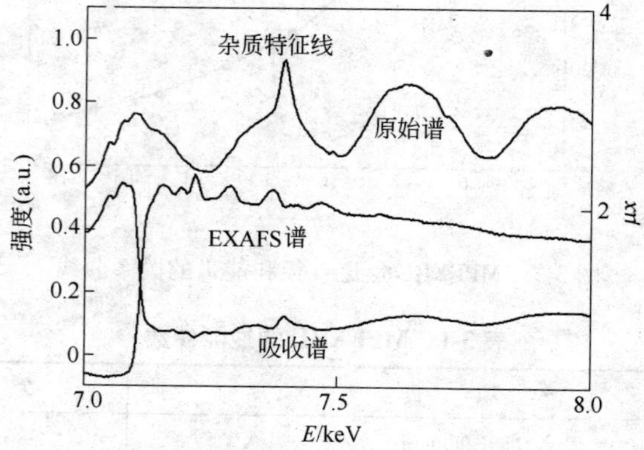


图 3-10　利用 Si(111)测量的铁薄膜的 EXAFS 谱

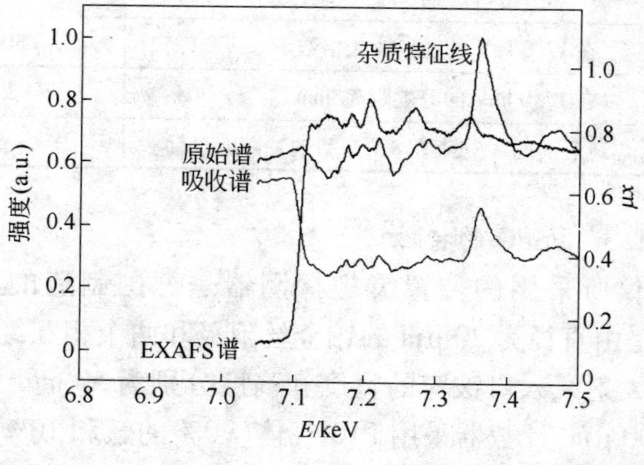


图 3-11　利用 LiF(220)测量的铁薄膜的 EXAFS 谱

使用 LiF(220)单色器,电源的工作电压和电流分别为 25 kV 和 100 mA 时,测量了铜箔的 EXAFS 谱,铜箔的厚度为 12 μm,测量时间为 6 h。同时在同步辐射 XAFS 站对同一样品进行了测量。

图 3-12 和图 3-13 是在实验室和在同步辐射站所测谱的比较。

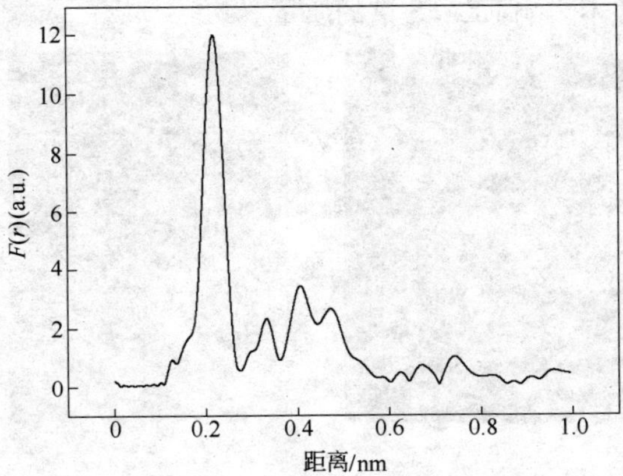


图 3-12　铜的 EXAFS 谱的 RSF-$r$ 曲线（实验室）

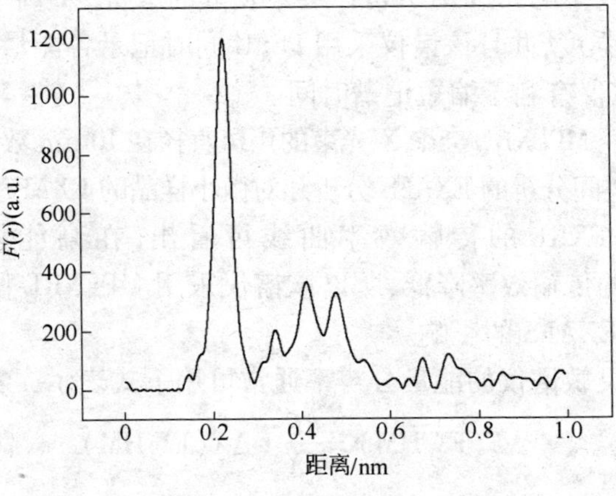


图 3-13　铜的 EXAFS 谱的 RSF-$r$ 曲线（同步辐射）

### 3.2.2　透镜自身性能对光谱的影响

图 3-10 和图 3-11 中的吸收谱和原始谱曲线有明显的波动，这是由于构成 MPFXRL 复合管之间交界处毛细管壁的吸收造成的，图 3-14 利用照片显示了经 MPFXRL 会聚的 X 光束中光强分布的

不均匀性。上述这种由于 MPFXRL 本身结构造成的强度分布的较大波动并不影响 EXAFS 谱的质量。

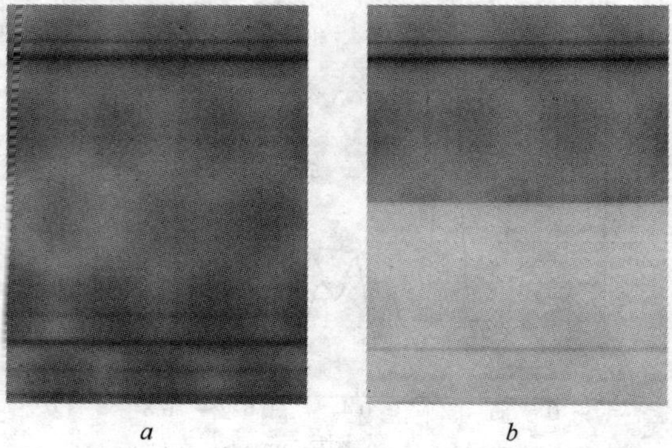

图 3-14　没有铜箔样品(*a*)和有铜箔(*b*)时的照片

该谱仪中的 MPFXRL 可以会聚发散的 X 光,提高了打在样品上的 X 光强度,并且该谱仪采用 PSPC 同时记录各能量点的 X 光,所以,该谱仪有利于缩短记谱时间。

由于经 MPFXRL 会聚 X 光束的焦斑直径在 10 μm 数量级,所以,可以实现空间分辨的 EXAFS 分析和对微小样品的 EXAFS 分析。

由 MPFXRL 的传输效率曲线可看出,在高能量范围内,MPFXRL 的传输效率降低,所以该谱仪采用 MPFXRL 便于消除高次谐波对 EXAFS 的影响。

位置灵敏谱仪的能量分辨率通常可用下式表示[4]:

$$\Delta E(\mathrm{FWHM}) = \frac{\mathrm{d}E}{\mathrm{d}X} \cdot \Delta X(\mathrm{FWHM}) \tag{3-14}$$

式中　$\Delta X$——位置谱中某特征 X 射线衍射峰的半峰全宽。

引起特征线展宽的主要因素为:探测器的空间分辨率 $W$,打在样品上的 X 射线束斑大小 $\Delta S$ 以及单色器的性能。线宽 $\Delta X$ 可表示为:

$$\Delta X = \sqrt{W^2 + (\Delta S)^2 + (\Delta\theta \times L_2)^2} \tag{3-15}$$

其中单色器的固有角宽度 $\Delta\theta$ 可表示为:

$$\Delta\theta = \left(\frac{2e^2}{mc^2}\right)\frac{\lambda^2}{\pi V}\frac{F_{\mathrm{hkl}}}{\sin(2\theta_{\mathrm{c}})}\sqrt{\frac{\sin(\theta_{\mathrm{c}}+\varepsilon)}{\sin(\theta_{\mathrm{c}}-\varepsilon)}} \tag{3-16}$$

式中　$F_{hkl}$——$hkl$ 所对应的反射结构因子的实部；

$V$——单位晶胞体积；

$\frac{e^2}{mc^2}$——经典电子半径；

$\varepsilon$——衍射面与晶体表面的夹角。

在该谱仪中，打在样品上的 X 射线束斑大小决定于 MPFXRL 的焦斑直径，而 MPFXRL 焦斑直径随着光源焦斑尺寸变化的关系很微弱，所以该谱仪大大降低了对光源焦斑尺寸的要求。

应选择小焦斑的整体毛细管 X 光透镜，这有利于提高整个系统的能量分辨率。同时，位置灵敏探测器的空间分辨率越高，总的能量分辨率越高。

根据布喇格定律（只考虑一次衍射）和图 3-7 所示的几何关系，可知：

$$\sin\theta = \frac{12400}{2d \cdot E} \tag{3-17}$$

$$X = (l_1 + l_2)\tan(\theta_c - \theta) \tag{3-18}$$

由式 3-17 和式 3-18 可以得到谱仪系统的能量色散为：

$$\frac{dE}{dX} = \frac{E^2}{E_{cryst}} \cdot \frac{\cos^2\theta_c}{l_1 + l_2}\left[1 - \left(\frac{E_{cryst}}{E}\right)^2\right]^{\frac{3}{2}} - \frac{2E\sin\theta_c \cdot \cos\theta_c}{l_1 + l_2} \times \left[1 + \left(\frac{E_{cryst}}{E}\right)^2\right] + \frac{E_{cryst} \cdot \sin^2\theta_c}{l_1 + l_2}\left[1 - \left(\frac{E_{cryst}}{E}\right)^2\right]^{\frac{1}{2}} \tag{3-19}$$

式中　$E$——X 射线能量，eV；

$d$——晶格常数，Å（1Å = 0.1 nm）；

$l_1, l_2$——光程，mm；

$E_{cryst}$——所用晶体能够色散的 X 射线的最低能量，$E_{cryst} = 12400/2d$。

由式 3-19 可知，谱仪能量分辨率与所用晶体的晶格常数 $d$ 及光程 $l_1$ 和 $l_2$ 有关，增加 $l_1$ 或 $l_2$ 可提高谱仪的能量分辨率（但同时会降低计数率）；谱仪的能量分辨率随着能量升高而降低，对于高能量 X 射线尽可能选择晶格常数小的晶体以提高能量分辨率。

### 3.2.3 利用胶片测量 EXAFS 谱的尝试

本书尝试利用胶片来测量 EXAFS 谱，具体做法是在安放位置灵敏探测器处以胶片代替位置灵敏探测器。在有样品铜箔和没样品时，利用胶片拍摄照片（如图 3-14 所示），图 3-15 是对应于图 3-14 的X 射线强度和位置的关系谱。图 3-16 是利用胶片测量的铜箔的 EXAFS 谱。

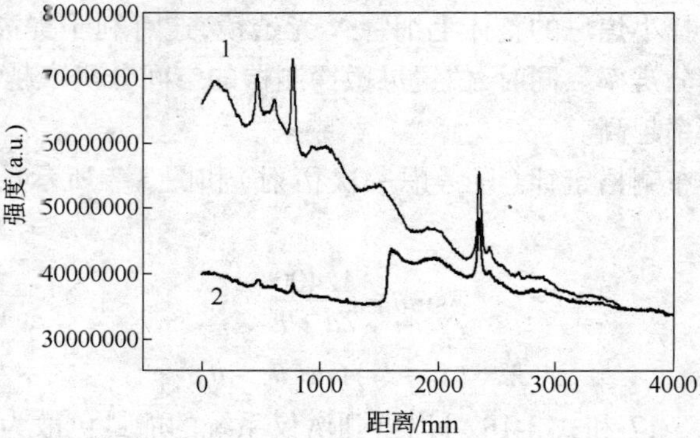


图 3-15 对应图 3-14 的 X 射线强度空间谱

1—无样品；2—有样品

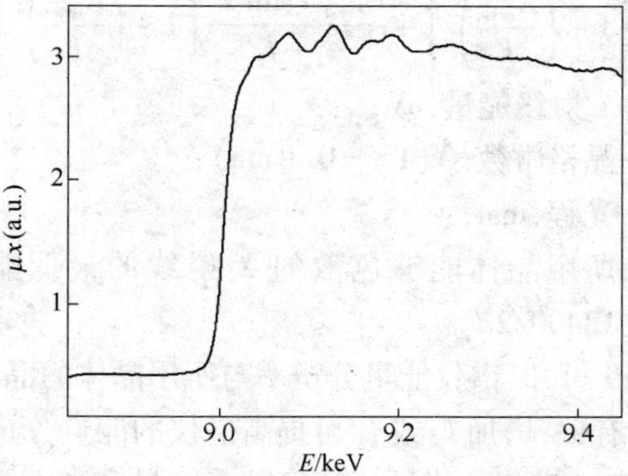


图 3-16 利用胶片测量的铜箔的 EXAFS 谱

理论上讲，胶片的空间分辨率高于位置灵敏探测器，但由于胶片的后处理过程较繁琐，并且有很多人为因素在里面，所以效果并不理想。

### 3.2.4 基于毛细管 X 射线光学器件的实验室微区 EXAFS 谱仪的特点

基于毛细管 X 射线光学器件的实验室微区 EXAFS 谱仪可以实现空间分辨的 EXAFS 分析和对微小样品EXAFS 分析。高功率放大倍数的 MPFXRL 和 PSPC 的结合，便于缩短记谱时间。MPFXRL 在该谱仪中具有高能滤波器的功能。

基于 MPFXRL 和 PSPC 的实验室 EXAFS 谱仪的能量分辨率可以通过以下途径进一步提高：专门设计应用于 EXAFS 谱仪的 MPFXRL；采用晶面间距小的单色器；采用高空间分辨位置灵敏探测系统。

## 3.3 毛细管 X 射线光学器件在同步辐射微区 XAFS 分析技术中的应用

国际上利用毛细管 X 射线光学器件会聚同步辐射的应用研究已经进行了一些探索，其中大部分是利用单毛细管或者是组装毛细管 X 光透镜会聚同步辐射，而利用整体毛细管 X 光半会聚透镜来会聚同步辐射进行微区 XAFS 分析时，对会聚后微焦斑同步辐射的性质缺乏详细的测定和讨论，譬如透镜的出口焦距和能量的关系等性质。而这些性质是从事微区 XAFS 分析人员所关心的问题，因为 XAFS 分析要在大约 1 keV 的能量范围内进行扫描，这就要求在扫描过程中或者说在能量变化过程中，微焦斑同步辐射斑点位置比较稳定才行，所以判断经毛细管 X 光透镜会聚的微焦斑同步辐射斑点随着能量的改变而变化的特点是非常必要的。

本书详细测量分析了整体毛细管 X 光半会聚透镜会聚同步辐射的情况，并且利用其会聚的微焦斑同步辐射进行了微区 XAFS 分析的应用研究（本节以 XAFS 中的 EXAFS 为例进行研究）。

### 3.3.1 基于毛细管 X 光半会聚透镜和同步辐射光源的微区 XAFS 设备的性能

实验是在中国科学技术大学国家同步辐射实验室 X 射线吸收精细结构光束线站完成的。实验装置如图 3-17 所示。实验中采用的整体毛细管 X 光半会聚透镜(MHFPXRL)的几何参数见表 3-2。来自双晶单色器的同步辐射束斑的尺寸为 10($T$)mm × 1($V$)mm,光束的能量范围为 4.1 ~ 12.5 keV,狭缝的尺寸为 5($T$)mm × 2($V$)mm,利用金属刀口测量透镜焦斑直径。

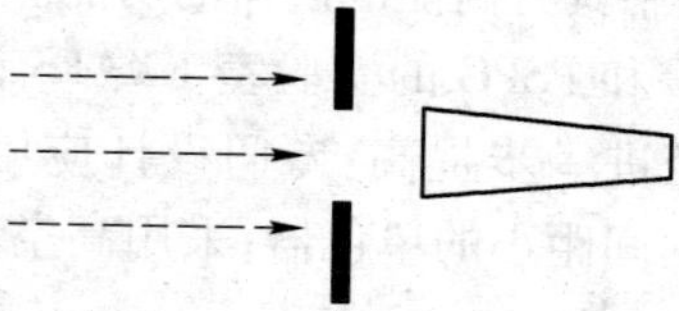


图 3-17 会聚同步辐射示意图

1—同步辐射;2—十字狭缝;3—透镜

**表 3-2 整体毛细管 X 光半会聚透镜的几何参数**

| 项 目 | 参 数 |
|---|---|
| 长度/mm | 49.2 |
| 入口直径/mm | 5.0 |
| 出口直径/mm | 3.0 |
| 单管数 | 289000 |

#### 3.3.1.1 整体毛细管 X 光半会聚透镜传输效率和能量的关系

分别在五个能量点测量了整体毛细管 X 光透镜的传输效率和能量的关系。图 3-18 显示了整体毛细管 X 光透镜的传输效率随能量的变化关系。由于 X 光发生全反射的临界角随着能量的增加而减小,所以,透镜的传输效率随着能量的升高而降低。

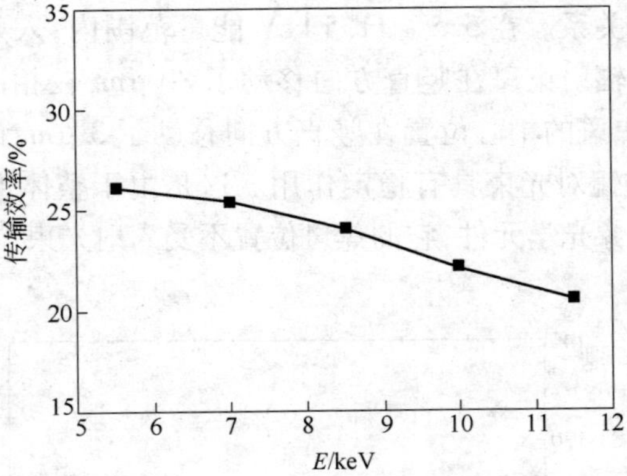


图 3-18　MHFPXRL 的传输效率和能量的关系

3.3.1.2　整体毛细管 X 光半会聚透镜焦斑大小和能量的关系

图 3-19 显示了整体毛细管 X 光透镜的焦斑直径随能量的变化关系。由于 X 光发生全反射的临界角随着能量的增加而减小，所以，透镜的焦斑直径随着能量的增加而减小。

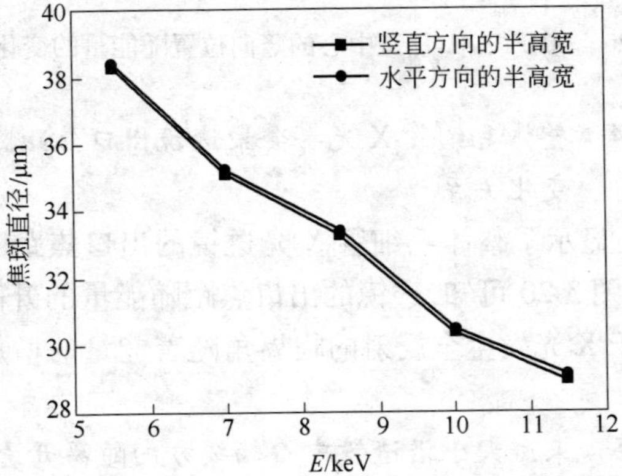


图 3-19　MHFPXRL 的焦斑大小和能量的关系

3.3.1.3　整体毛细管 X 光半会聚透镜焦斑中心位置随着能量的变化关系

图 3-20 显示了整体毛细管 X 光透镜焦斑中心的竖向位置随

能量的变化关系。在 5.5 ~ 11.5 keV 能量范围内，入射到透镜入口端的同步辐射束斑在竖直方向移动了 80 μm，在相同的能量范围内，透镜焦斑的中心位置在竖直方向移动了 3 μm，说明整体毛细管 X 光透镜对光束具有稳定作用。这是由于整体毛细管 X 光透镜是非成像光学元件，它的焦斑位置不受入射光束位置的约束。

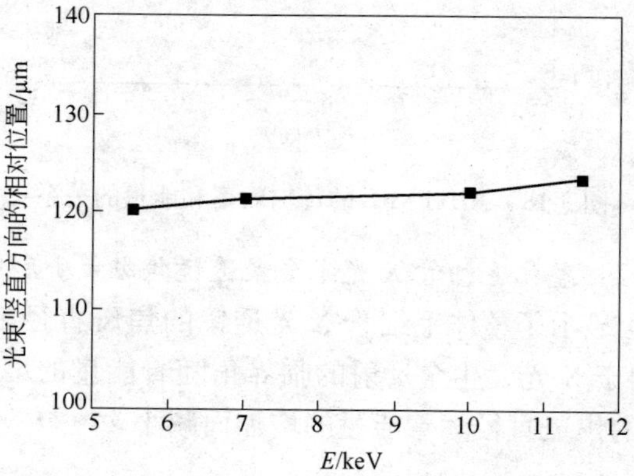


图 3-20 MHFPXRL 焦斑中心的竖向位置随能量的变化关系

#### 3.3.1.4 整体毛细管 X 光半会聚透镜出口焦距随能量的变化关系

图 3-21 显示了整体毛细管 X 光透镜的出口焦距随能量的变化关系。由图 3-20 可知，透镜的出口焦距随能量的升高而稍微变大，这是由于 X 光发生全反射的临界角随着能量的增加而减小的原因。

#### 3.3.1.5 束斑大小沿透镜中心轴线方向随离开透镜出口端距离的变化而变化的情况

图 3-22 显示了在 8.5 keV 能量点时，离开透镜出口端不同位置处的束斑直径。其中，最小束斑定义为透镜在该能量点的焦斑。由该图可以判断经透镜会聚的光束在焦斑位置前后的发散情况。

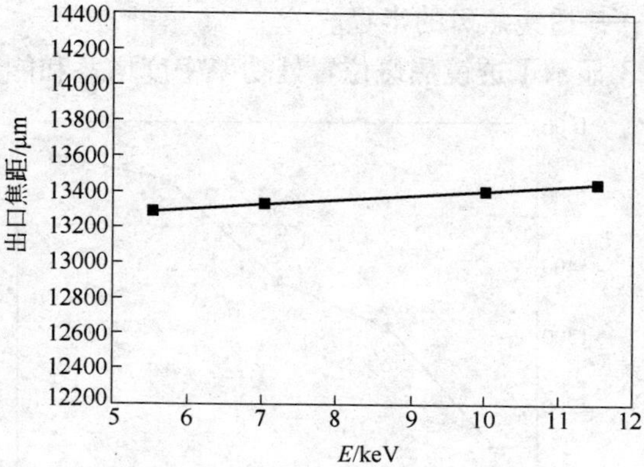


图 3-21 MHFPXRL 出口焦距随能量的变化关系

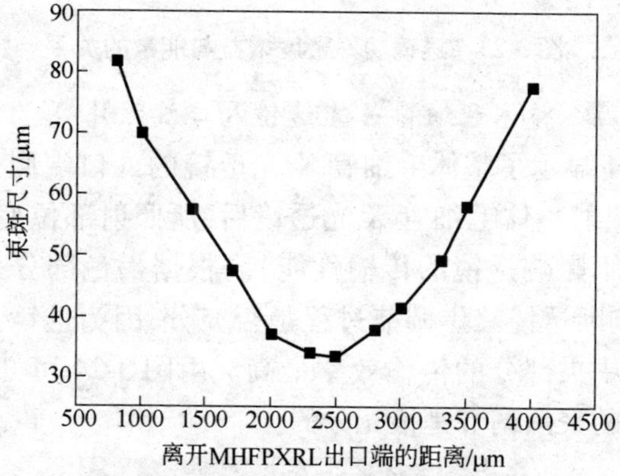


图 3-22 离开透镜出口端不同位置处的束斑直径

#### 3.3.1.6 透镜焦斑位置处的功率密度增益和能量的关系

功率密度增益的定义为：透镜焦斑位置处，有透镜和没透镜时，单位面积上的强度比。功率密度增益（$G$）可按式 3-20 计算得出：

$$G = TE \cdot s_{in} / (\pi r^2) \tag{3-20}$$

式中 $TE$——传输效率；

$s_{in}$——打在透镜入口端同步辐射光束的面积，$s_{in}$ =5 mm ×1 mm；

$r$——透镜焦斑的半径。

图 3-23 显示了透镜焦斑位置处功率密度增益和能量的关系。

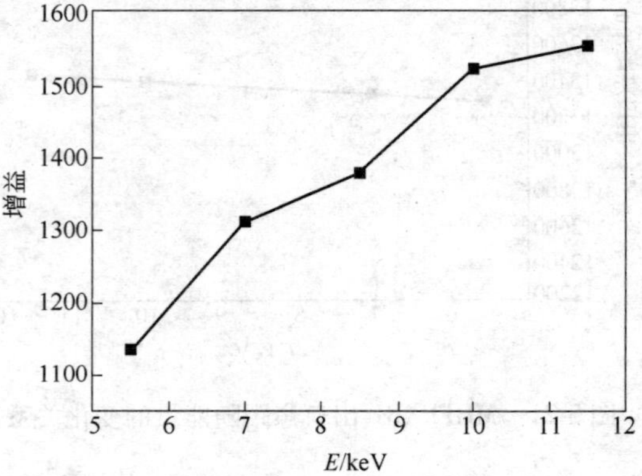


图 3-23 透镜功率密度增益与能量的关系

3.3.1.7 整体毛细管 X 光透镜入口端照片

图 3-24 显示了整体毛细管 X 光透镜的入口端照片。同步辐射长时间照射整体毛细管 X 光透镜后，所照射部位变为褐色（研究表明，这不影响透镜的传输性能）。根据褐色部分是否在透镜中央可以判断透镜聚焦调节过程是否充分，因为透镜是非线性光学器件，其中央部分的传输效率最高。由图 3-24 可知，在该实验中，对透镜的聚焦调节是很充分的。

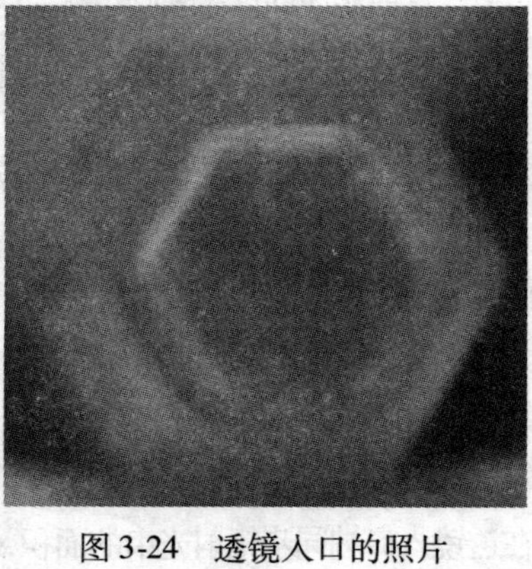

图 3-24 透镜入口的照片

### 3.3.1.8 在焦斑位置处用刀口扫描得到的强度微分分布曲线

图 3-25 是在 8.5 keV 能量点时，焦斑位置处用刀口扫描得到的强度微分分布曲线，该曲线的半峰全宽定义为焦斑直径值。

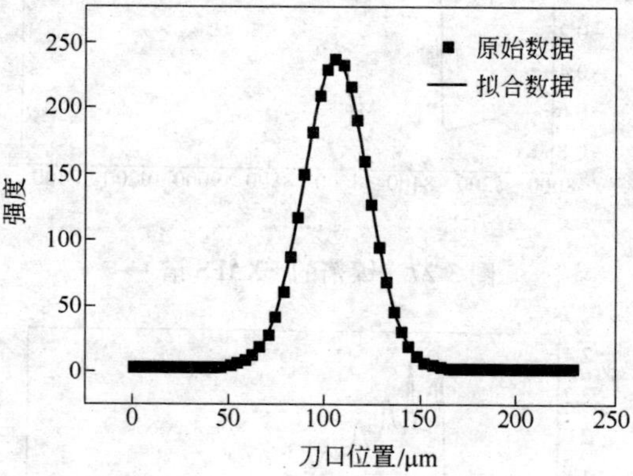


图 3-25 在透镜焦斑出刀口扫描的微分曲线

### 3.3.1.9 铜箔、镍箔和铁箔的 EXAFS 谱

利用上述透镜会聚的微焦斑同步辐射测量了铜箔、镍箔和铁箔的 EXAFS 谱。如图 3-26 ~ 图 3-28 所示。

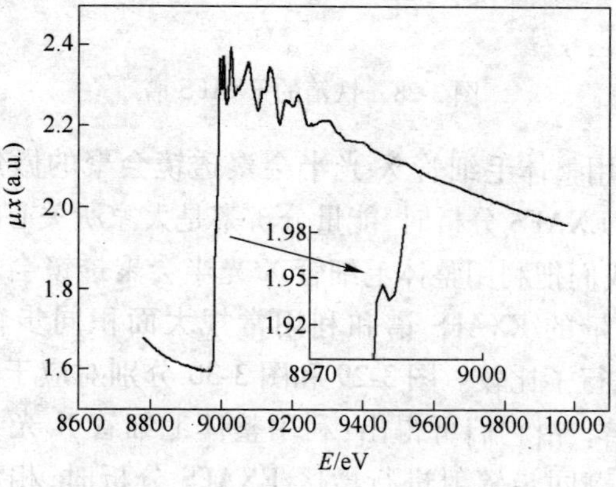


图 3-26 铜箔的 EXAFS 谱

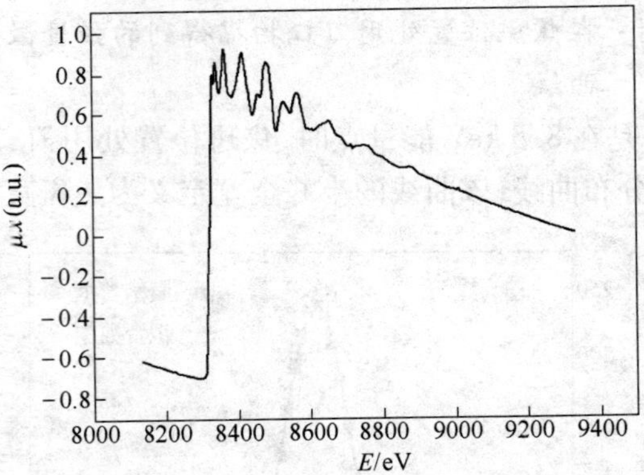


图 3-27　镍箔的 EXAFS 谱

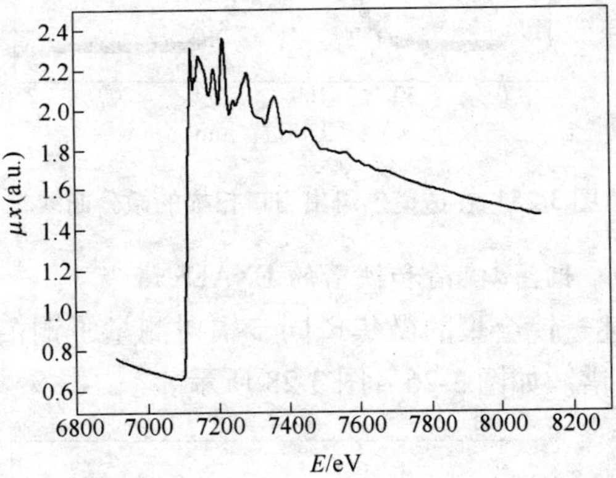


图 3-28　铁箔的 EXAFS 谱

对于利用整体毛细管 X 光半会聚透镜会聚的微焦斑同步辐射进行微区 EXAFS 分析时，能量分辨率是大家所关心的问题。针对该问题，我们把利用整体毛细管 X 光半会聚透镜会聚的微焦斑同步辐射测量的 EXAFS 谱和利用常规大面积同步辐射测量的 EXAFS 谱进行了比较。图 3-29 和图 3-30 分别对应于非微区和微区 EXAFS 谱。由它们可得出：利用整体毛细管 X 光半会聚透镜会聚的微焦斑同步辐射进行微区 EXAFS 分析时，相对于常规的 EXAFS 分析而言，前者的能量分辨率提高了。这是由于在利用整体毛细管 X 光半会聚透镜会聚同步辐射时，透镜本身也发挥了一个准直器的作用，所以提高了 EXAFS 分析的能量分辨率。

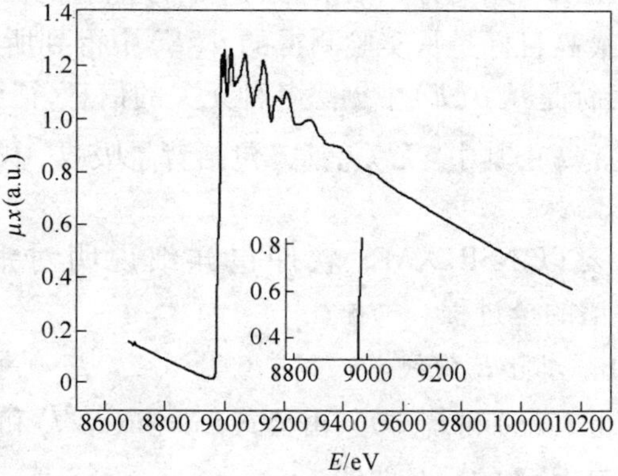


图 3-29　没用透镜时铜的 EXAFS 谱

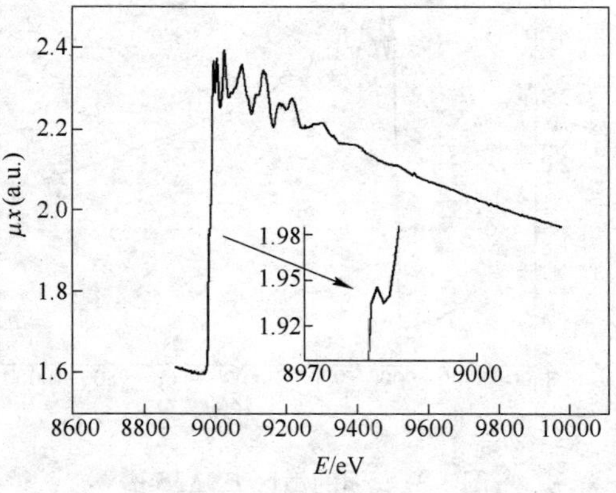


图 3-30　用透镜时铜的 EXAFS 谱

### 3.3.2　微区 EXAFS 谱的解离

对铜薄膜的微区 EXAFS 谱进行了解谱，解谱过程中使用的软件是中国科学技术大学国家同步实验室韦世强教授领导的 XAFS 工作组编写的 EXAFS 数据处理软件包 NSRLXAFS。

众所周知，EXAFS 数据处理是很繁琐并且需要很多技巧的，因为它需要很多中间过程才能得到最后的结果，并且在处理数据时，需要对 EXAFS 理论有一个全面的了解才能有的放矢。EXAFS 数据处理的最高目标是从实验测得的 $\mu(E)$ 中得到所需要的结构参数；最低目标是从 $\mu(E)$ 中剔除各种无关的信息，得到"纯粹"的 EXAFS 函数 $\chi(k)$，其中"无关信息"包括背景吸收、中心原子的吸收和噪声等。

下面主要以 NSRLXAFS 软件包详细说明对铜薄膜微区 EXAFS 谱解谱的全过程。

3.3.2.1　求 $\mu$-$E$ 曲线

实验测得 $I(2\theta)$ 和 $I_0(2\theta)$，由公式 $\mu x = \ln(I_0/I)$ 和布喇格公式得到如图 3-31 所示的 $\mu$-$E$ 曲线。

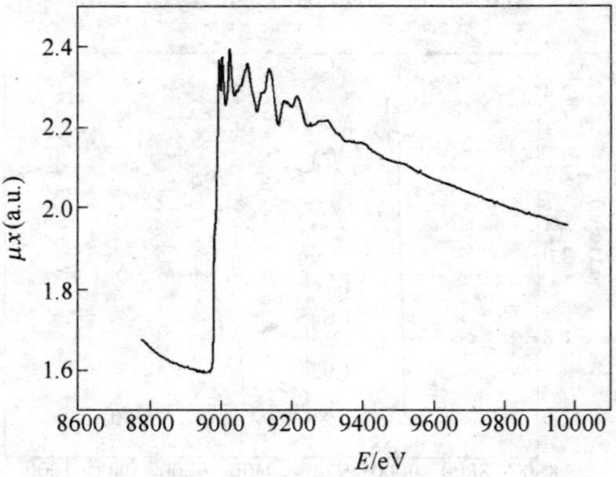


图 3-31　铜的微区 EXAFS 谱

整理数据将其格式变为所用软件所认的格式，从而得到样品的原始谱。NSRLXAFS 软件所认的数据格式见表 3-3。

3.3.2.2　去掉"glitch"

当确认某个峰为"glitch"时，为了不影响数据处理，可以将它去掉，但在去掉"glitch"时要注意：在最关心的能量范围内出现了"glitch"时，能不去掉就不去掉，实在要去掉时，要特别小心，否则会影响到主信号的真实性。NSRLXAFS 软件为去掉"glitch"提供了很方便的工具栏——"Deglitch"。

**表 3-3 NSRLXAFS 软件所认的数据格式**

| 序 号 | 能 量 | $\mu x$ |
|---|---|---|
| 1 | 8778.94037 | 1.67583 |
| 2 | 8782.58773 | 1.6731 |
| 3 | 8787.43398 | 1.66816 |
| 4 | 8792.21913 | 1.66474 |
| 5 | 8797.14233 | 1.6604 |
| 6 | 8802.07182 | 1.65592 |
| 7 | 8807.13999 | 1.65203 |
| 8 | 8811.88032 | 1.64862 |
| 9 | 8816.89312 | 1.64448 |
| 10 | 8821.84473 | 1.64155 |

3.3.2.3 扣除背底

实验测得 $\mu$ 为总的吸收系数，若研究 $K$ 吸收边，则应扣除 $L$、$M$ 及其他原子引起的背景吸收。为了扣除背底，NSRLXAFS 软件包提供了"background"工具项，图 3-32 显示了扣除背底的界面。

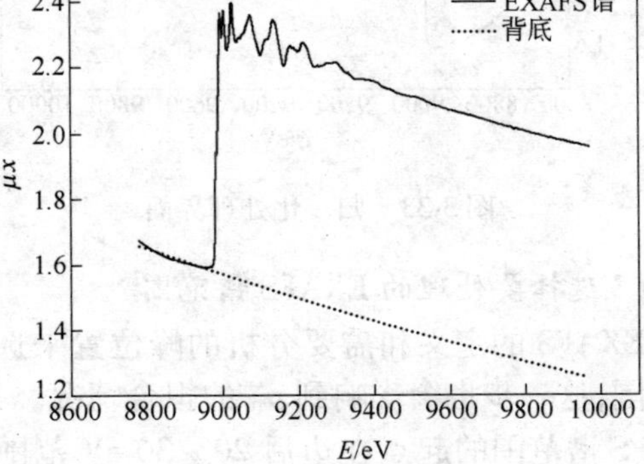


图 3-32 扣除背底的界面

因为背底的扣除会影响到 $\mu_0$ 的拟合，所以，在扣除背底时，应尽量让背底曲线和吸收限高能侧的吸收系数曲线平行，这有利于 $\mu_0$ 的拟合。在该项中，如果吸收谱的吸收边不在理论位置，可以人为校正，即将鼠标指针放在吸收边的中央位置，就会显示该理论中央点到实际测量点的距离（差值），然后双击“edge”框，在弹出的对话框中，输入该差值，校正即结束。

3.3.2.4 归一化

为了进行谱的比较，将谱进行归一化处理，图 3-33 显示了归一化处理的界面。图 3-33 中的 EXAFS 信号中的虚线延长线和纵轴交点的纵坐标重新规定为 1，即实现了对 EXAFS 谱的归一化。在利用软件确定虚线位置时，要尽量让虚线穿过前面几个强 EXAFS 峰（吸收边后 100 ~ 300 eV 范围内 EXAFS 信号最强）的中心，这有利于 $\mu_0$ 的拟合，因为，EXAFS 谱的归一化会影响到 $\mu_0$ 的拟合情况。

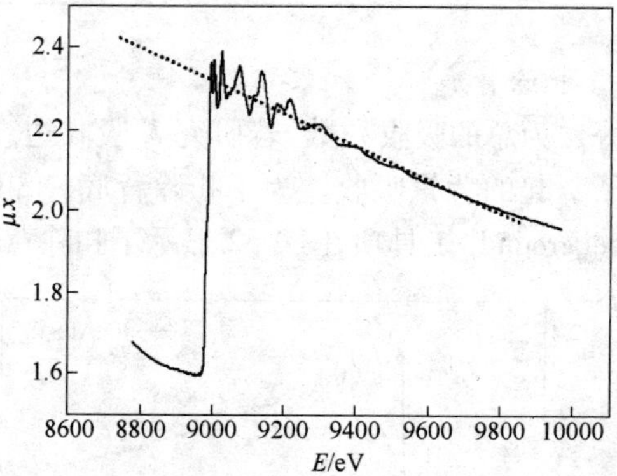


图 3-33 归一化处理界面

3.3.2.5 选择要处理的 EXAFS 谱范围

要根据 EXAFS 的定义和需要分析的峰位置来选择要处理的 EXAFS 谱范围，这一步也会影响到 $\mu_0$ 的拟合情况。一般来说，要处理的 EXAFS 谱范围的起点在边后 20 ~ 30 eV 范围内，此时，可以在该范围内，选用不同的起点，看一下对 $\mu_0$ 的影响，然后再具体确定起点位置。

3.3.2.6　拟合 $\mu_0$

$\mu_0$ 很难从理论上或者从实验上得到,现在采用的办法是在吸收边高能侧通过拟合得到平滑曲线 $\mu_0$,拟合函数常选用三次样条函数。

如图 3-34 所示,在拟合 $\mu_0$ 时,尽量使 $\mu_0$ 曲线 $D$ 经过所有振荡峰的中点,即前后振荡峰的幅度相近,但在调节 $\mu_0$ 曲线的位置时,应注意如下重要原则,即少加线以减少谱线扭曲。为得到较理想的高壳层信号,应注意对于高 $k$ 部分信号的 $\mu_0$ 拟合。

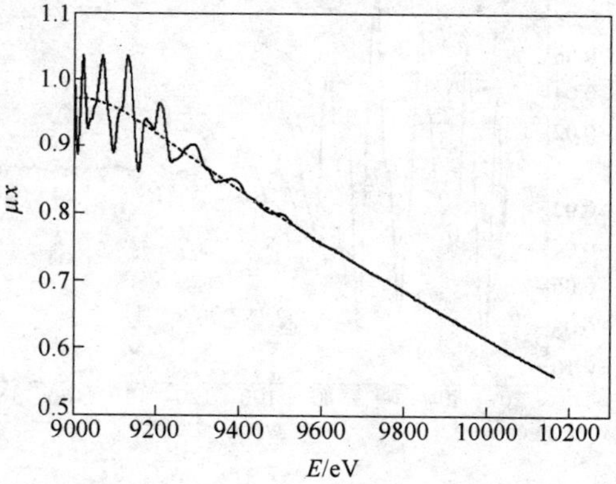


图 3-34　$\mu_0$ 拟合界面

3.3.2.7　*E-k* 转换、求 $\chi(k)$、加权及加窗

实验数据经 $2\theta$-$\lambda$-$k$ 转换后,在 $k$ 空间中就不等间距了,为满足傅里叶变换要求,用样条函数对 $\mu(k)$ 插值,得到 $k$ 空间等间距的数据。按照 EXAFS 的 $\chi(k)$ 定义式求出 $\chi(k)$,其中分母 $\mu_0 x$ 是以吸收边的台阶高度代替。常用 $k^n$ 对 $\chi(k)$ 加权以突出高 $k$ 部分的 EXAFS 信号。为了降低傅里叶变换边的辨峰现象,对 $k^n\chi(k)$ 通常加窗函数 $\omega(k)$,$\omega(k)$ 常选用 Hanning 函数和矩形函数的结合形式。

为了拟合的需要,在 $k$ 空间中进行加权处理。加权处理的目的是增加高 $k$ 信号的信噪比,以便于拟合。在加权时应注意第四周期元素加权 3，第六周期元素加权 2，信噪比不好少加权。同时要注意在拟合时也应加权同样次数。加权后谱质量高的判断标准是：第一峰之前的低 $k$ 噪声峰高度低于第一峰高度的 20%，主要的信号峰无劈裂、无大肩峰、峰形较对称，晶态样品高壳层信号结构与已知结构相符。

图 3-35 和图 3-36 分别是 $k$ 空间未加权和加权 3 的 $\chi(k)$-$k$ 曲线。

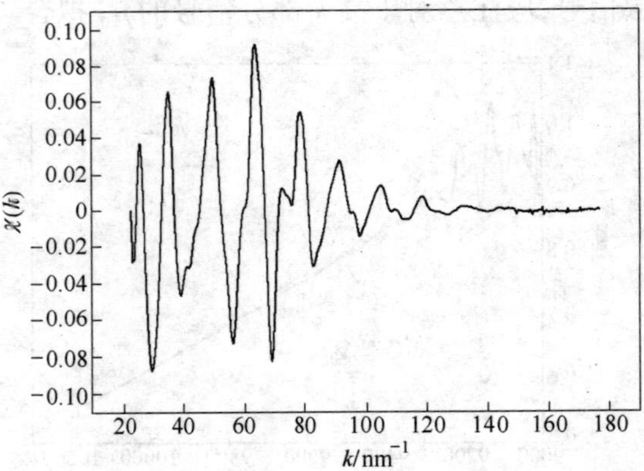


图 3-35　未加权时的 $\chi(k)$-$k$ 曲线

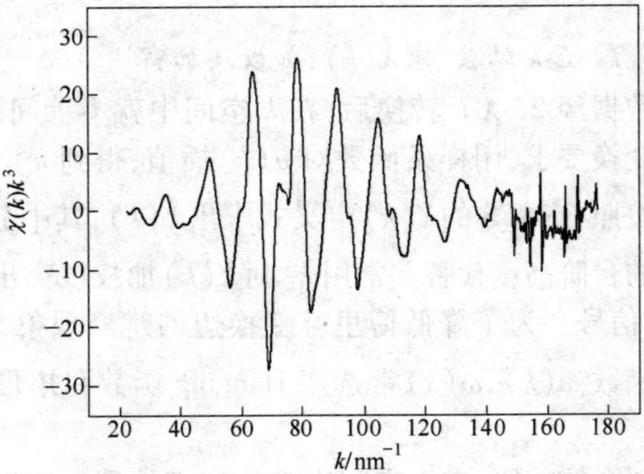


图 3-36　加权 3 时的 $\chi(k)$-$k$ 曲线

#### 3.3.2.8　快速傅里叶变换

求结构参数的第一步是把 $k^n\chi(k)$ 经过傅里叶变换转化到 $r$ 空间，得到径向结构函数 RSF（如图 3-37 所示）。这一步需要选择 $k$ 的范围，此时要注意，傅里叶变换要求所取范围的终点和起点必须为零。所以，在选择时要尽量满足这一要求，否则，程序会自动将你选择的点在几个数据点范围内自动归零，如果选择不合适，这会影响 EXAFS 信号。

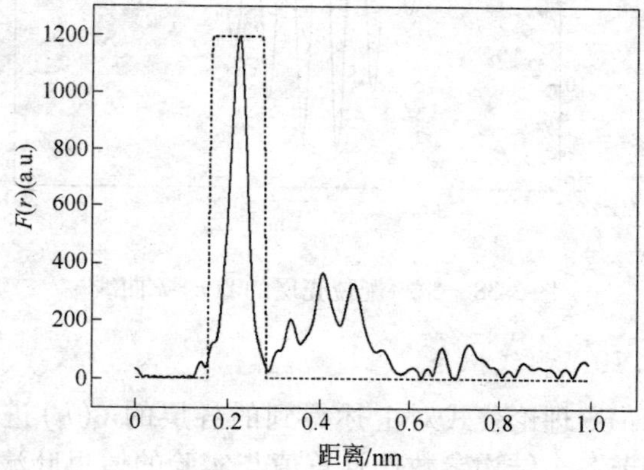


图 3-37　RSF-$r$ 曲线

#### 3.3.2.9　傅里叶滤波

在峰值处加窗函数时，应该注意所选择峰的两峰坡的延长线和 $r$ 轴的两交点之间的距离应该是窗宽，如图 3-37 所示。将 RSF 在 $r$ 空间峰值处加窗函数做傅里叶变换回到 $k$ 空间，得到各配位壳层对应的 $\chi(k)$（如图 3-38 所示）。滤波的目的是将某一配位壳层分离出来，减少拟合参数及滤去噪声以提高数据精度。

以上是对 EXAFS 拟合的前期工作，在进行这些前期工作时，软件经常出现一些“Bug”，下面列举两个“Bug”及它们的解决方案：(1) Load 错误文件后，无法关闭弹出的窗口。解决方案是回车后迅速关闭处理程序，检查 Start With 是否正确，检查数据格式是否正确，检查是否有两个能量相同的点，如果有的话，删除其中一个。(2)归一化的两条红线只出现了一条。解决方案是退回上一步骤,重新进入该步骤,反复进行;如果近边信号取得过短,也会只有一条红线,所以应注意是否是这方面的原因。

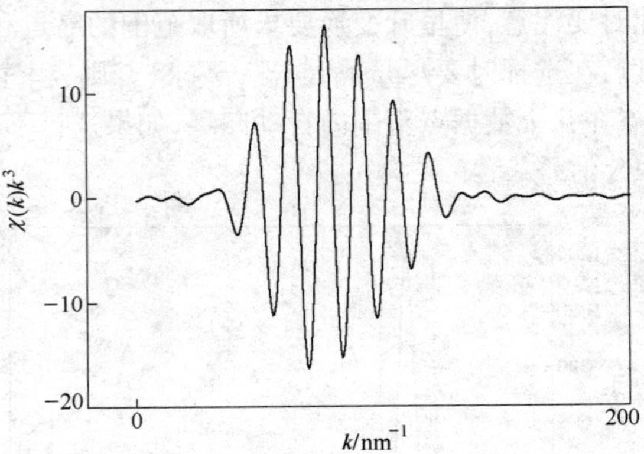


图 3-38　第一配位壳层的$\chi(k)$-$k$ 曲线

3.3.2.10　曲线拟合

用 EXAFS 理论公式对上述得到的各层的$\chi(k)$进行曲线拟合,通过调节各个结构参数使计算值与实验的傅里叶滤波曲线相吻合而得到各层的结构参数。利用透镜会聚的微焦斑同步辐射测量的铜箔 EXAFS 谱的第一配位壳层的拟合数据, 如图 3-39 所示,

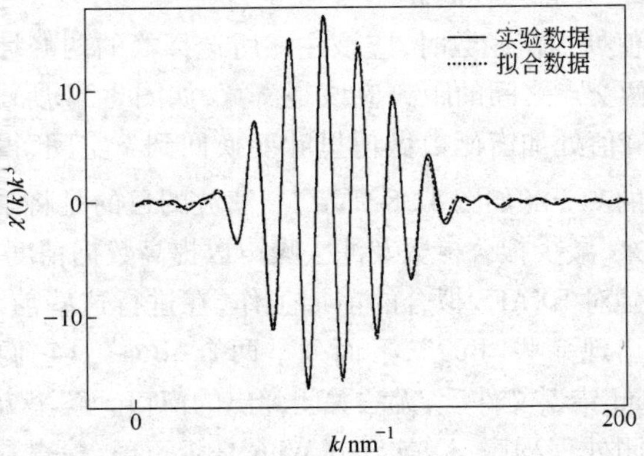


图 3-39　第一配位壳层的$\chi(k)$-$k$ 实验曲线和拟合曲线

其拟合的结构参数结果为：$R=(0.254\pm0.001)$ nm，无序度为 $\sigma=(0.0087\pm0.0001)$ nm，$N=11.94\pm0.02$，整个拟合过程的相对误差为2.1%。对相同铜箔样品，利用大斑点同步辐射测量的谱，其拟合的结构参数结果为：$R=(0.253\pm0.002)$ nm，无序度为 $\sigma=(0.0086\pm0.0001)$ nm，$N=11.96\pm0.02$，整个拟合过程的相对误差为1.9%。

在具体拟合时，有时为了拟合的需要，先将几个拟合参数固定，拟合其他几个参数，然后逐渐放开拟合参数的个数。这样便于提高拟合的速度和质量，尤其在多 shell 拟合的时候，简化某些参数是非常必要的，同时要保证拟合参数的范围应具有其物理意义。

在用 NSRLXAFS 软件包时，它将表示无序度的 $\sigma$ 分为了两项：结构无序和热无序。对于晶体来说，结构无序的理论值为零。

在拟合时经常出现一些问题，下面列举几个问题，并给出它们的解决方案。(1)配位数 $N$ 远大于 FEFF 中的 $N$ 值。检查 Weight in General 是否与前期处理一致；检查 $s_0^2$ in General 是否合理。(2)拟合参数值与边界值相同。解决办法是适当放宽边界。(3)弹出报错窗口。检查 $s_0^2$ 与 $N$ 是否同时放开拟合，同时放开的拟合参数是否过多。

评估拟合质量的标准是 Relative Error 不高于0.05，拟合曲线与实验曲线在幅度和频率两方面吻合度较高。

整体毛细管 X 光半会聚透镜会聚的同步辐射微焦斑的焦斑直径和功率密度增益分别在10 μm 和 $10^3$ 量级。整体毛细管 X 光半会聚透镜对同步辐射光束具有稳定作用。透镜的焦距随着能量的变化而发生微小变化。透镜的焦斑直径和传输效率随着能量的变化而变化。

利用整体毛细管 X 光半会聚透镜会聚的同步辐射微焦斑进行 XAFS 分析时，可以提高设备的能量分辨率。

## 参 考 文 献

[1] 孙天希. X光透镜性能研究及其在实验室EXAFS谱仪中的应用[D]. 北京:北京师范大学,2003.

[2] 陆坤权,常龙存,赵雅琴. X射线连续谱晶体单色器的分辨率[J]. 物理学报,1983,32 (12):1506.

[3] SUN Tianx ,LIU Zhiguo, DING Xunliang. Characterization of a polycapillary focusing X-ray lens for application in spatially resolved EXAFS[J]. Chemical Physics Letters, 2007,439:412 ~414.

[4] 孙天希. 毛细管X光透镜性能研究及其在XAFS和EDXRD分析技术中的应用[D]. 北京:北京师范大学,2006 .

# 4 毛细管 X 射线光学器件在微区 X 射线衍射分析技术中的应用

本章利用整体毛细管 X 光透镜设计了几种能量色散微区 X 射线衍射装置，对装置的分辨率进行了理论分析，利用合适的样品验证了装置的可行性。初步设计了基于整体毛细管 X 光透镜的微区 EDXRD 和微区 XAFS 组合系统[1~3]。

## 4.1 基于毛细管 X 射线光学器件的能量色散微区 X 射线衍射装置

### 4.1.1 引言

能量色散 X 射线衍射分析技术虽然已发明了 30 多年，但在实验室中使用得并不普遍，随着同步辐射的发展，能量色散衍射也得到了发展和广泛应用。近十几年发展起来的整体会聚 X 光透镜（monolithic polycapillary focusing X-ray lens，MPFXRL）可以在大能量范围内将发散的 X 光会聚为 10 μm 数量级的微焦斑，功率放大倍数在 $10^3$ 数量级，所以被广泛应用于 X 射线分析技术中。国际上，A. Bjeoumikhov 等人[4]利用整体毛细管 X 光会聚透镜设计了一种新型的能量色散衍射装置，但经整体毛细管 X 光会聚透镜会聚的 X 光束的发散度较大，所以该谱仪的分辨率较低。

本章设计的基于整体毛细管 X 光透镜能量色散衍射装置充分利用了整体毛细管 X 光透镜的性质，在样品和光源之间、样品和探测器之间安装了整体毛细管 X 光透镜，利用它们的有机组合，提高了基于整体毛细管 X 光透镜能量色散衍射装置的性能。

## 4.1.2 基于 MPFXRL 的微区 X 射线衍射谱仪

### 4.1.2.1 原理与构成

图 4-1 是基于 MPFXRL 的能量色散微区 X 射线衍射谱仪原理图。MPFXRL 将光源产生的发散 X 光会聚成微焦斑打在样品上，不同能量的 X 射线经过分析样品不同($h,k,l$)晶面反射后，被能量分辨率高的探测器探测。待测样品放在 MPFXRL 焦斑位置处。

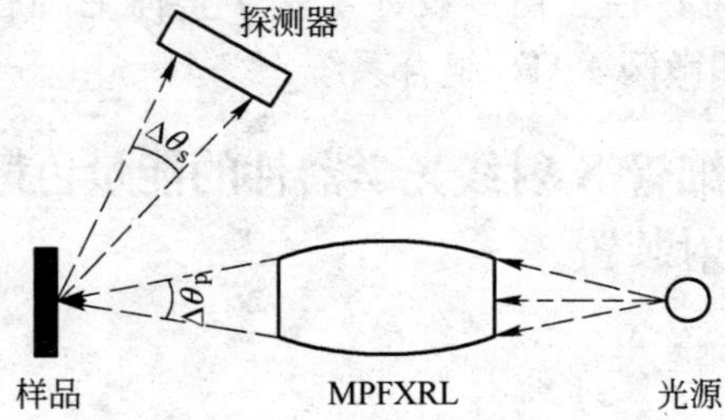


图 4-1 衍射谱仪原理示意图

### 4.1.2.2 MPFXRL 的特性

图 4-2 和图 4-3 分别是 MPFXRL 的传输效率和焦斑直径随着能量的变化关系曲线，该透镜的其他性能参数见表 4-1。

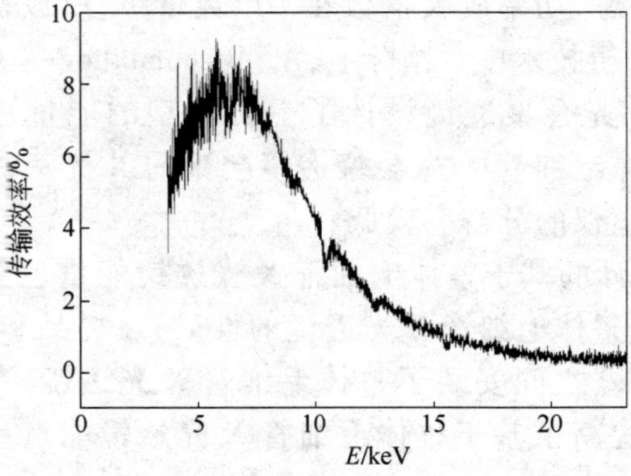


图 4-2 MPFXRL 传输效率和能量的关系曲线

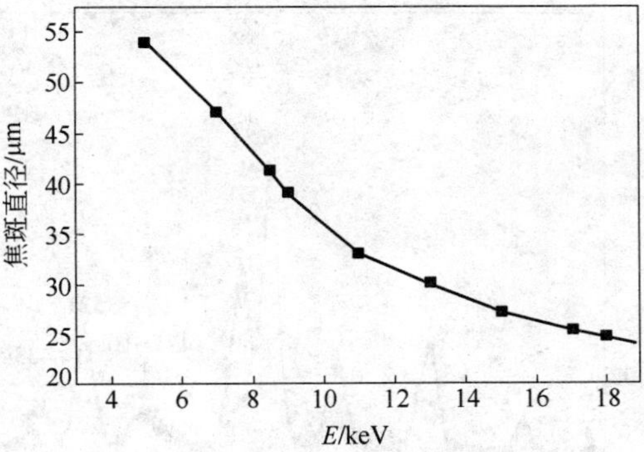


图 4-3　透镜焦斑直径和能量的关系

**表 4-1　MPFXRL 性能参数**

| 项　　目 | 参　数 |
|---|---|
| 长度/mm | 86.0 |
| 入口焦距/mm | 70.0 |
| 出口焦距/mm | 13.0 |
| 在 17.0 keV 的功率放大倍数 | 3000 |
| 在 17.0 keV 的等效距离/mm | 2.3 |
| MPFXRL 焦斑后面的 X 光束在 8.0 keV 的发散度/(°) | 5 |

4.1.2.3　X 射线光源和探测系统的特性

实验中所用 X 射线光源是微聚焦光源(MCBM 50-0.6B),其钼靶焦斑直径为 50 μm。探测系统为 XFlash® Detector 2001 RÖNTEC 和 RÖNTEC MAX Spectrometer,其中,探测器探测窗口的直径为 2.0 mm。在 6.4 keV 时,该探测系统的能量分辨率为 140 eV。

### 4.1.3　实验结果

在室温下的空气中测量了厚度为 108 μm 的钼样品的能量色散衍射谱(见图 4-4)。探测器放在 $2\theta = 141.4°$。光源的工作电压和电流分别为:35 kV 和 300 μA,记谱时间为 75 s。

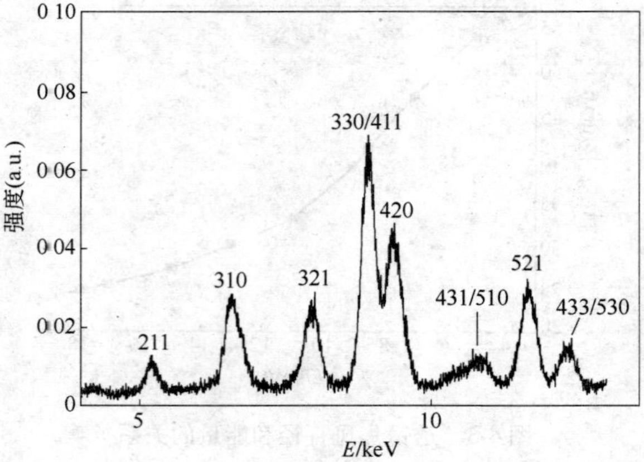


图 4-4　钼样品的衍射谱

### 4.1.4　结果讨论

由于使用了 MPFXRL，入射 X 射线存在一定的发散度，而且探测器的能量分辨率也有极限，所以，这会导致晶面间距 $d$ 的测量相对误差增大。由布喇格衍射公式可知：

$$\frac{\Delta d}{d}=\sqrt{(\Delta\theta\cot\theta)^2+\left(\frac{\Delta E}{E}\right)^2} \qquad (4\text{-}1)$$

其中，$d=hc/2E\sin\theta$，$\Delta\theta$ 可以表示为：

$$\Delta\theta=\sqrt{(\Delta\theta_p)^2+(\Delta\theta_s)^2} \qquad (4\text{-}2)$$

其中，$\Delta\theta_p$ 和 $\Delta\theta_s$ 如图 4-1 所示。在 6.4 keV 能量点时，该透镜对应的 $\Delta\theta_p$ 为 0.12 rad，当样品离探测器的距离为 18 mm 时，对应的 $\Delta\theta_s$ 为 0.11 rad，当 $\theta=70.7°$ 时，$\Delta\theta\cot\theta=0.057$，$\frac{\Delta E}{E}=\frac{0.14}{6.4}=0.022$，所以，$\frac{\Delta d}{d}=6.1\%$。

MPFXRL 是由二十几万根直径为 5～7 μm 的毛细管组成的，它是根据 X 射线全反射原理设计的，制作该 MPFXRL 的硼酸盐玻璃对应的 X 射线发生全反射的临界角 $\theta_c$(mrad)可以表示为：

$$\theta_c = \frac{30}{E} \tag{4-3}$$

式中　$E$——X 射线的能量,keV。

由式4-3 可知,在高能量点,X 射线发生全反射的临界角小,从而导致了高能 X 射线在透镜外层毛细管中的传输效率很低,所以,相应的 $\Delta\theta_p$ 减小,如在 16.5 keV 能量点时 $\Delta\theta_p = 0.07$ rad,所以,在高能量点,MPFXRL 有利于减小该谱仪测量晶格常数的相对误差。

## 4.2　基于毛细管 X 射线光学器件组合的能量色散微区 X 射线衍射装置

为了提高 4.1 节中所述装置的分辨率,本节设计了几种基于两个整体 X 光透镜的微区能量色散衍射装置。这两个透镜可以是两个整体平行束 X 光透镜的组合,也可以是一个整体毛细管平行束 X 光透镜和一个整体毛细管 X 光微会聚透镜的组合。

### 4.2.1　基于两个整体毛细管平行束 X 光透镜的能量色散微区 X 射线衍射装置

基于两个整体毛细管平行束 X 光透镜(polycapillary parallel X-ray lens, PPXRL)的微区能量色散 X 射线衍射装置如图 4-5 所

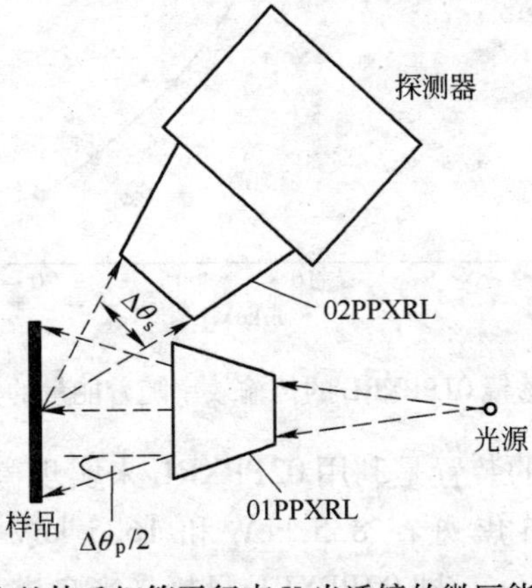


图 4-5　基于两个整体毛细管平行束 X 光透镜的微区能量色散衍射装置

示。整体平行束 X 光透镜 01PPXRL 的发散度随能量的变化关系如图 4-6 所示，图 4-7 显示了 01PPXRL 的传输效率随着能量的变化关系，图 4-8 显示了 01PPXRL 的功率密度增益和能量的关系曲线。

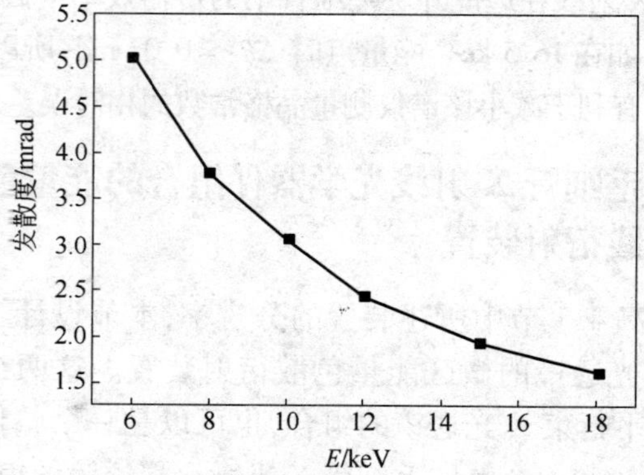


图 4-6　01PPXRL 的发散度随能量的变化关系

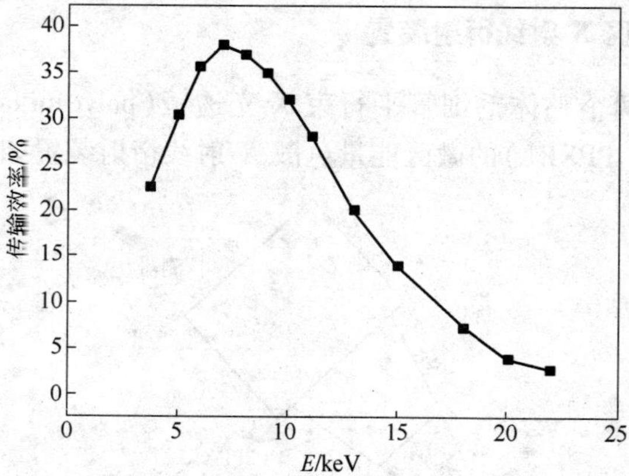


图 4-7　透镜 01PPXRL 的传输效率随着能量的变化关系

图 4-5 所示的装置是利用 02PPXRL 来实现微区特性的，因为 02PPXRL 的入口焦斑在 8.5 keV 和 16.5 keV 能量点分别为 33.1 μm 和 24.8 μm，即 02PPXRL 只接受来自样品上入口焦斑范

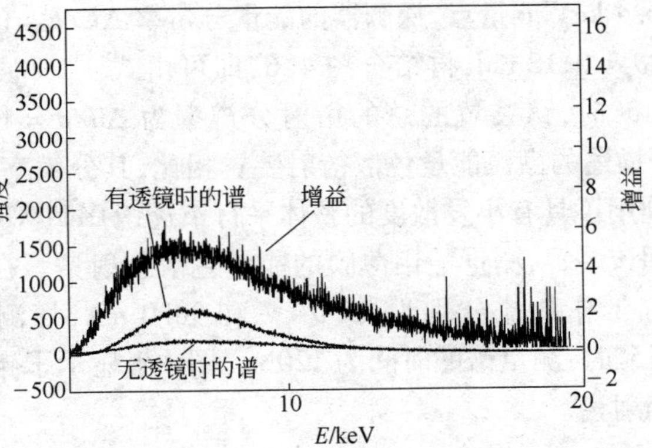


图 4-8　01PPXRL 的功率密度增益和能量的关系曲线

围内的信号,所以,实现了微区的特性。在 8.5 keV 和 16.5 keV 能量点,经 02PPXRL 准直的准平行束的功率密度增益分别为 4.7 和 2.2,所以,02PPXRL 在实现微区的同时还起到了会聚 X 光的作用。入射到样品上光的发散度就是 01PPXRL 的发散度,而进入到探测器中衍射光束的发散度 $\Delta\theta_s$ 依赖于 02PPXRL。在 6.4 keV 和 16.5 keV 能量点,$\Delta\theta_s$ 分别是 0.12 rad 和 0.09 rad。在高能量点,因为 X 射线发生全反射的临界角变小,所以导致了 02PPXRL 的发散度减小。表 4-2 列出了两个透镜的其他参量。在该装置中,利用的探测系统还是上述的 Xflash Detector 2001 RÖNTEC 和 RÖNTEC MAX Spectrometer。在该装置中采用的光源为 Mo rotating anode X-ray generator (RIGAKU RU-200,60 kV,200 mA)。

**表 4-2　透镜 01PPXRL 和 02PPXRL 的参数**

| 项　目 | 01PPXRL | 02PPXRL |
|---|---|---|
| 长度/mm | 53.2 | 19.3 |
| 入口直径/mm | 5.2 | 2.4 |
| 出口直径/mm | 8.1 | 3.8 |
| 在 17.0 keV 的入口焦距/mm | 63.2 | 10.8 |

在 6.4 keV 能量点，探测器的能量分辨率 $\Delta E/E = 0.14/6.4 = 0.022$，$\Delta\theta_s = 0.12$ rad，再结合图 4-6，即可由式 4-1 和式 4-2 求出 $2\theta = 141.5°$ 时，该装置的总的衍射分辨率为 $\Delta d/d = 4.7\%$，它与 4.1 节所描述的微区能量色散衍射装置相比，其分辨率提高了，这是由于利用了具有小发散度的整体平行束透镜 01PPXRL 的原因。

利用该装置，测量了钼薄膜的能量色散衍射谱。在光源的工作电压和工作电流分别为 35.0 kV 和 90.0 mA，探测器安放在 $2\theta = 141.5°$ 时，测量谱的时间为 120 s。图 4-9 显示了钼样品的能量色散衍射谱。

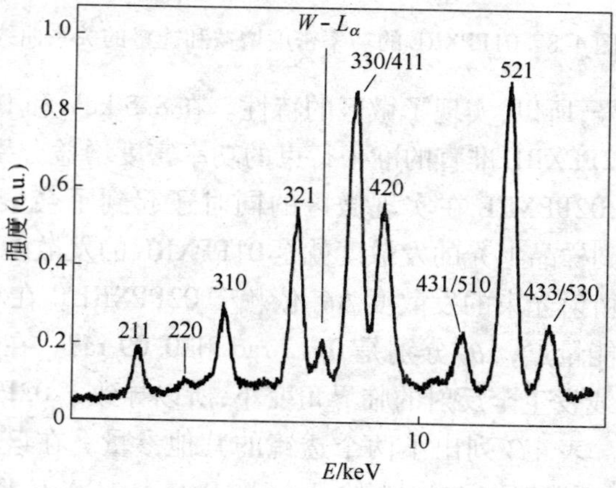


图 4-9　高功率光源得到的钼薄膜的能量色散衍射谱

## 4.2.2　基于整体毛细管 X 光微会聚透镜和平行束透镜的能量色散微区 X 射线衍射装置

在图 4-5 所示的装置中，01PPXRL 可以被一个整体毛细管 X 光微会聚透镜（slightly focusing polycapillary X-ray lens，SFPXRL）所代替，这将在分辨率牺牲不大的情况下，较大幅度地提高了打在样品上 X 光的光通量。03SFPXRL 参数见表 4-3，由图 4-6、图 4-8 和表 4-3 可知，采用 03SFPXRL 代替 01PPXRL，虽然

03SFPXRL 的发散度，即 $\Delta\theta_p$ 变大，但对总的分辨率影响很小，这样就在对分辨率影响很小的情况下，较大幅度地提高了打在样品上 X 光的强度。在该装置中，采用的 X 射线源是焦斑直径为 50.0 μm 的钼靶光源，光源的焦斑直径为 50.0 μm。在光源的工作电压和工作电流分别为 35.0 kV 和 800.0 μA 时，测量谱的时间为 180 s。图 4-10 显示了钼样品的能量色散衍射谱。

**表 4-3　透镜 03SFPXRL 的参数**

| 项　目 | 参　数 |
|---|---|
| 长度/mm | 100.3 |
| 入口直径/mm | 4.5 |
| 出口直径/mm | 5.3 |
| 在 17.0 keV 的入口焦距/mm | 57.5 |
| 在 17.0 keV 的出口焦距/mm | 117.3 |
| 在 17.0 keV 的焦斑/μm | 268.2 |
| 在 17.0 keV 的增益 | 419.3 |
| 在 17.0 keV 焦斑处的发散度/mrad | 9.7 |

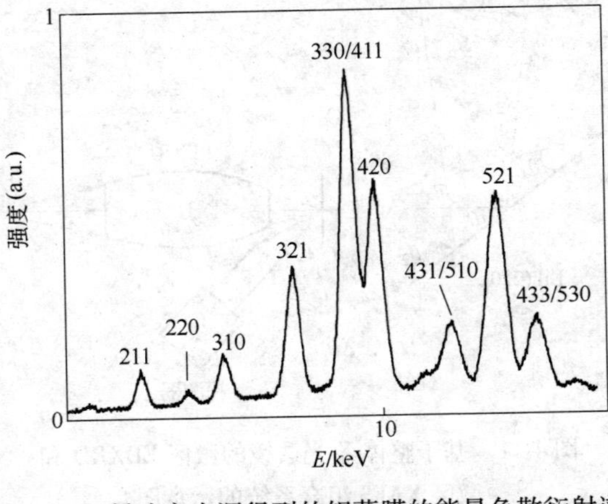


图 4-10　低功率光源得到的钼薄膜的能量色散衍射谱

## 4.3 基于毛细管 X 射线光学器件的微区能量色散 X 射线衍射(EDXRD)和微区 XAFS 组合系统

XAFS 分析技术和 XRD 分析技术的结合是对物质分析的一种强有力手段。XAFS 是用来测定近程结构的，而 XRD 是用来测定长程结构的，在同一样品上同时测量 XRD 和 XAFS 两种谱，则这两个谱反映的是同一样品在同一时间的同一状态，对于某些参数来说，通过 XAFS 分析技术和 XRD 分析技术得到的数值应该是相同的，这可以作为数据处理中的一种约束。所以可以利用这两种技术研究同一样品，将得到的结果相互补充，以便更完整地认识事物。

至今，国内外没有设计过基于整体毛细管 X 光透镜的 EDXRD 和 XAFS 组合系统。本书提出了设计基于整体毛细管 X 光透镜的 EDXRD 和 XAFS 组合系统的方案，并对该方案的实施进行了初步探索。

图 4-11 是利用整体毛细管 X 光透镜设计的一种微区 EDXRD

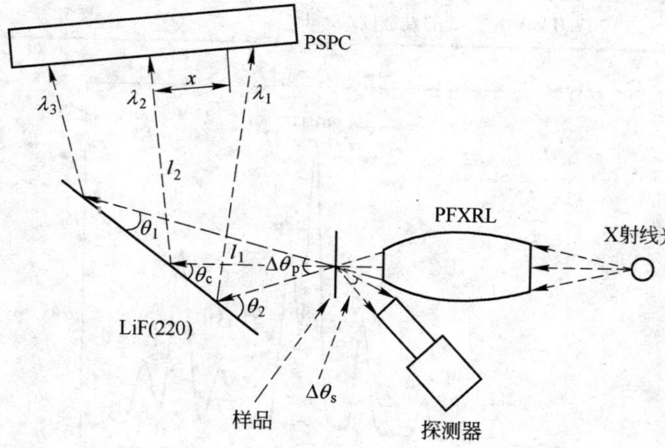


图 4-11 基于整体 X 光透镜的微区 EDXRD 和微区 XAFS 组合系统的示意图

和微区 XAFS 组合系统的示意图。该组合系统所采用的位置灵敏探测器是德国制造的流气式的 PSPC,该 PSPC 的空间分辨率为 72 μm。该组合系统中,能量分辨探测器为 XFlash Detector 2001 RÖNTEC 和 RÖNTEC MAX Spectrometer,该组合系统使用的光源为日本理学 12 kW 转靶光源。该组合系统的 XAFS 分析技术特征,在 3.2 节中已经讨论了,该组合系统的 EDXRD 分析技术特征在 4.1 节中也讨论了,所以这里不再讨论。

使用 LiF(220)单测器,当电源的工作电压和电流分别为 25 kV和 100 mA 时,测量了铜箔的 EXAFS 谱和 EDXRD 谱。铜箔的厚度为 12 μm。图 4-12 和图 4-13 分别是铜箔的 EXAFS 谱和 EDXRD 谱。

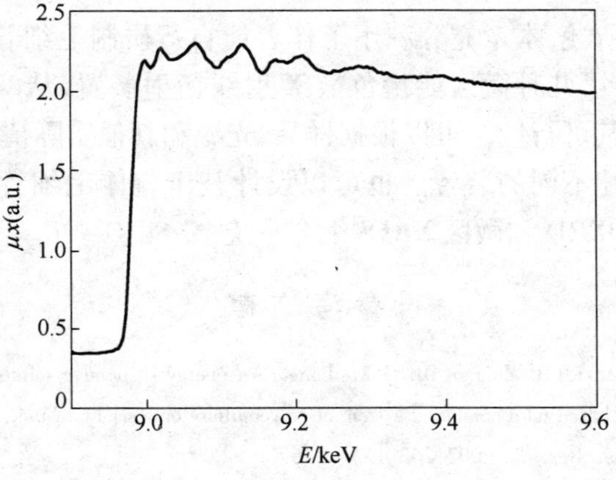


图 4-12　铜箔试样的 EXAFS 谱

利用基于整体毛细管 X 光透镜能量色散衍射装置可以实现微区 X 射线衍射分析和对微小样品的 X 射线衍射分析,高功率放大倍数的 MPFXRL 便于缩短记谱时间。在高能量点,MPFXRL 有助于提高该谱仪测量晶格常数的准确度。

基于整体毛细管 X 光透镜能量色散衍射装置和高功率光源相结合,有望实现时间分辨微区 X 射线衍射分析。

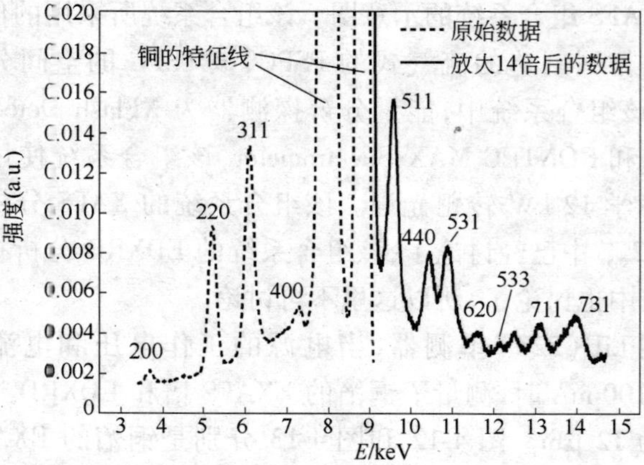


图 4-13　铜箔试样的 EDXRD 谱

综上所述,本章充分利用了作者能自行研制毛细管透镜这一优势,设计了几种微区能量色散 X 射线衍射装置,从实验和理论上验证了其可行性。可以根据样品、光源和其他实际情况的需要,而选用上述不同的装置。也可以设计基于整体毛细管 X 光透镜的微区 EDXRD 和微区 XAFS 组合系统。

## 参 考 文 献


[1] SUN Tianxi, LIU Zhiguo, DING Xunliang. An energy dispersive micro X-ray diffractometer based on a combined system of polycapillary optics [J]. Nucl. Instrum. Methods Phys. Res. B. 2007, 262: 153 ~ 156.

[2] SUN Tianxi, ZHANG Meirong, DING Xunliang, et al. Characterization of polycapillary X-ray lens for application in confocal 3D energy dispersive micro X-ray diffraction experiments [J]. Journal of Applied Crystallography, 2007, 40: 1169 ~ 1173.

[3] 孙天希. 毛细管 X 光透镜性能研究及其在 XAFS 和 EDXRD 分析技术中的应用 [D]. 北京: 北京师范大学, 2006.

[4] BJEOUMIKHOV A, BJEOUMIKHOVA S, LANGHOFF N, et al. Polycapillary optics for energy dispersive micro X-ray diffractometry [J]. Appl. Phys. Lett., 2005, 86: 144102(1) ~ 144102(3).

# 5 毛细管X射线光学器件在微区X射线荧光分析技术中的应用

国内外针对将毛细管X射线光学器件应用于微区X射线荧光分析的研究已经进行了一些较为成功的探索，尤其是单毛细管的应用研究更为成熟。由于利用了毛细管X射线光学器件后，对仪器的性能有很大改进，所以，基于毛细管X射线光学器件的X射线荧光分析仪得到了较为普遍的使用。

本章将整体毛细管X光会聚透镜应用于微区X射线荧光分析技术中，对大气颗粒物单颗粒进行了分析[1]，对钛铝合金经过微弧氧化处理后得到的薄膜样品表面进行了二维扫描X射线荧光分析[2]。

## 5.1 利用毛细管X射线光学器件对大气颗粒物单颗粒进行X射线荧光分析

### 5.1.1 引言

由于大气颗粒物对环境和人类健康有重要影响，所以受到人们高度重视。随着分析技术的发展，人们对大气颗粒物的研究已从早期的全颗粒物分析转到了单颗粒分析。这是因为全颗粒物样品分析只能代表样品中组分的平均效果，而单颗粒分析能够提供全颗粒物分析方法无法提供的大量信息；同时，由于单颗粒分析所需样品量可以很少，所以，进行单颗粒分析时，所需样品的采样时间短，这使得对大气颗粒物短期组分变化的测量更精确。此外，单颗粒分析的数据可以作为人为源或自然源的“指纹”，所以，单颗粒分析已成为国际上表征大气颗粒物的重要手段。对大气颗粒物进行单颗粒分析的主要手段有电镜-能谱（SEM-EDX）、激光显微质谱（LAMMA）和显微质子诱导X射线荧光(Micro-PIXE),前两种方法的检测限较高,第三种方法的检测限较低,但第三种方法的测谱时间较长,并且质子加速器装置体积庞大、运行费高。由于微束 XRF 具有较低的检测限,且能在大气环境中分析样品以便更好地保持大气颗粒物的原始状态,所以微区 XRF 分析技术逐步引入到大气颗粒物的研究中。目前,利用微区 XRF 分析技术对大气颗粒物进行单颗粒分析时,主要是借助于同步辐射光源,但是同步辐射装置是大型设备,很难满足众多用户的需求。

毛细管 X 光透镜是利用 X 射线全反射原理设计成的 X 射线光学器件。每个毛细管 X 光透镜是由 30 万 ~ 50 万根内径为 3 ~ 15 μm 单玻璃毛细管构成的。整体毛细管 X 光会聚透镜可以将发散 X 射线光束会聚为直径在 10 μm 数量级的微焦斑,透镜焦斑位置处的功率密度增益在 $10^3$ 数量级,所以该类会聚透镜在微区 X 射线分析中有着广泛的应用。近年来,国际上正在研究如何将基于毛细管 X 光透镜和实验室 X 射线光源的微束 X 射线荧光谱仪应用到大气颗粒物单颗粒分析中。为了进一步开展将基于毛细管 X 光透镜和实验室普通 X 射线光源的微束 X 射线分析技术应用到大气颗粒物单颗粒 XRF 分析的研究工作,我们建立了基于整体毛细管 X 光会聚透镜和实验室转靶 X 射线光源的微束 XRF 谱仪。

本书研究了上述微束 XRF 谱仪的性能,并且利用它对不同粒径的大气颗粒物进行了测量。

### 5.1.2 实验

#### 5.1.2.1 实验仪器

图 5-1 是基于整体毛细管 X 光透镜会聚和转靶 X 射线光源的微区 XRF 谱仪的示意图。光源是日本理学 12 kW 转靶 X 射线源,所用钼靶光源的斑点为 300 μm × 300 μm。探测器是德国产的 XFlash Detector 2001,该探测器在 5.9 keV 的能量分辨率为 140 eV。

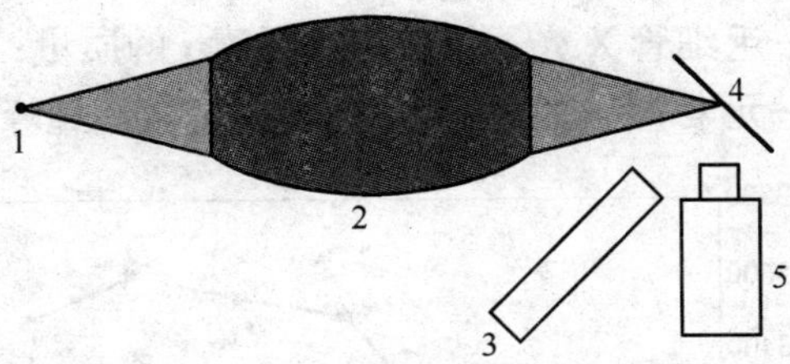


图 5-1　基于毛细管 X 光透镜的微束 X 射线荧光谱仪示意图

1—X 射线光源；2—毛细管 X 光透镜；3—显微镜；4—样品；5—探测器

### 5.1.2.2　整体毛细管 X 光透镜的性能

整体毛细管 X 光透镜的焦斑直径随能量的变化关系如图 5-2 所示，在高能量范围内毛细管 X 光透镜的焦斑直径较小，这主要是因为在高能量点 X 射线发生全反射的临界角变小的缘故。整体毛细管 X 光透镜焦斑处的功率密度增益随能量的变化关系如图 5-3 所示。透镜的其他参数见表 5-1。

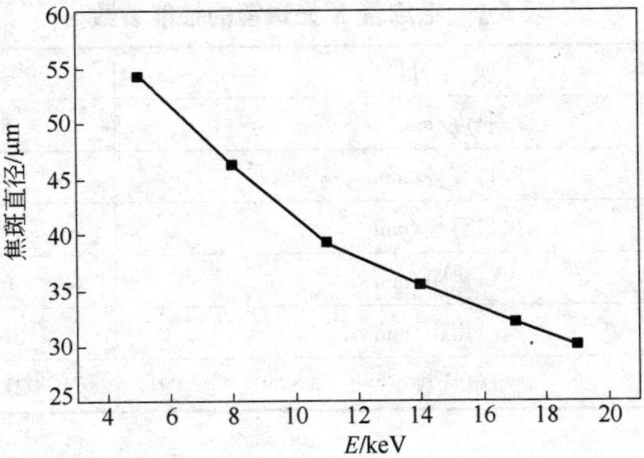


图 5-2　毛细管 X 光透镜焦斑直径与能量的关系

### 5.1.2.3　谱仪的最小探测极限

利用滴在 3 μm 厚麦拉（Mylar）膜上的标准溶液测量了该谱仪对不同元素的最小探测极限。最小探测极限 $m_{MDL}$ 由式 5-1 计算得到：

$$m_{MDL} = 3.29 \cdot m_i N_B^{1/2} / N_N \tag{5-1}$$

式中　$m_i$——毛细管X光透镜焦斑内元素 $i$ 的质量；

$N_B, N_N$——元素 $i$ 特征线峰对应的本底计数和纯峰计数。

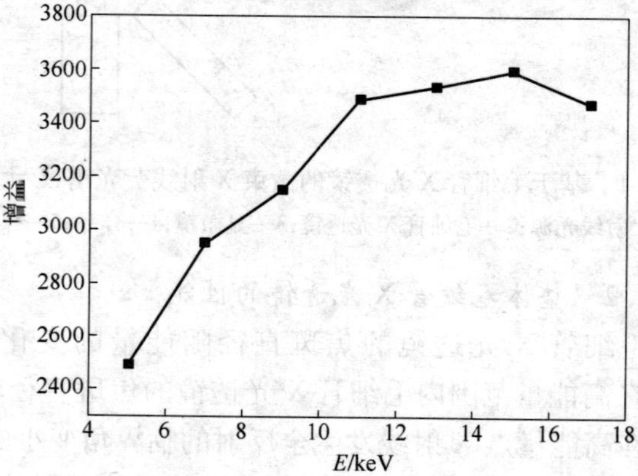


图5-3　毛细管X光透镜的功率密度增益与能量的关系

**表5-1　毛细管X光透镜的性能参数**

| 项　　目 | 参　数 |
|---|---|
| 长度/mm | 85.6 |
| 入口直径/mm | 4.4 |
| 出口直径/mm | 3.2 |
| 入口焦距/mm | 69.6 |
| 出口焦距/mm | 14.2 |
| 单管数 | 273000 |

当光源工作电压和电流分别为20 kV和30 mA时，在测谱时间为100 s的实验条件下，该谱仪对于铁和铜的 $K_\alpha$ 线的最小探测极限分别为0.7 pg和1.1 pg。

5.1.2.4　*在大气颗粒物单颗粒分析中的应用*

利用大气颗粒物分级采样器将大气颗粒物采到厚度为3 μm的麦拉膜上，控制采样时间，让颗粒物样品在麦拉膜上相互分开至合适的距离，以便整体毛细管X光透镜的微焦斑可以只覆盖一个颗粒物。图 5-4 和图 5-5 分别是直径为 9 μm 和 5 μm 的单个大气颗粒物的 XRF 能谱，它们对应的测谱时间分别为 180 s 和 240 s，测谱时，电源的电流和电压分别为 30 kV 和 50 mA。从图 5-4 和图 5-5 可知，该谱仪能检测到的原子序数最小的元素是铝，原子序数最大的元素是铅。

为了进一步提高基于毛细管X光透镜的微束X射线荧光谱

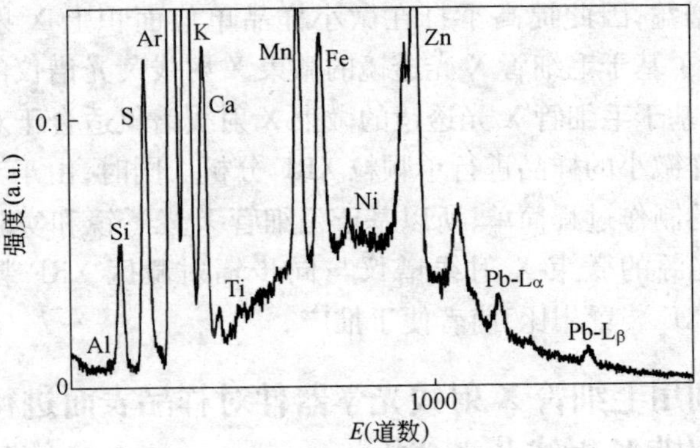


图 5-4　直径为 9 μm 的单个大气颗粒物的 X 射线荧光谱

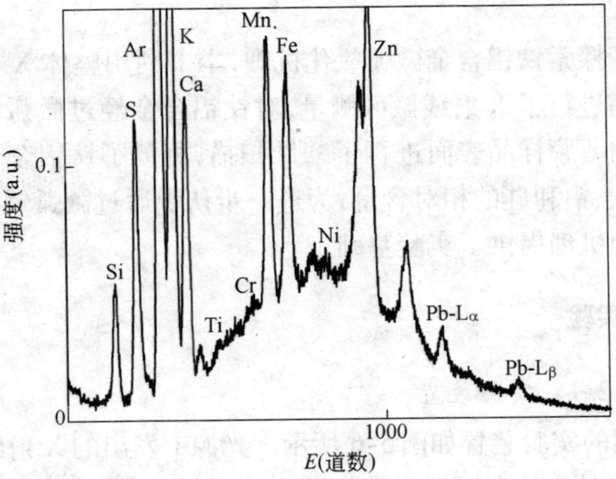


图 5-5　直径为 5 μm 的单个大气颗粒物的 X 射线荧光谱

仪的性能，可以在探测器前添加一个多毛细管准直器，让毛细管X光透镜的出口焦斑和多毛细管准直器的入口焦斑处在共聚焦状态，这会进一步改善该谱仪的信噪比等性能。

### 5.1.3 结论

毛细管X光透镜具有较小的焦斑，同时焦斑处具有较高的功率密度增益，因此提高了打在微小样品单位面积上X射线光通量，降低了基于毛细管X光透镜的微束X射线荧光谱仪的探测极限，所以基于毛细管X光透镜的微束X射线谱仪适合于对大气颗粒物这样微小的样品进行单颗粒XRF分析。同时，由于毛细管X光透镜的制作过程简单，所以基于毛细管X光透镜和实验室普通X射线光源的微束X射线谱仪与同步辐射微区XRF装置以及Micro-PIXE装置相比，前者便于推广。

## 5.2 利用毛细管X射线光学器件对样品表面进行二维扫描X射线荧光分析

### 5.2.1 引言

为了探索钛铝合金微弧氧化机理，本书利用整体X光透镜对两种样品进行了X射线微区测量，对钛铝合金经过微弧氧化处理后得到的薄膜样品表面进行了二维扫描，测量了钛铝合金微弧氧化膜中钛、铝和硅的相对含量，为进一步认识通过微弧氧化实现材料改性的机理提供了实验基础。

### 5.2.2 实验

#### 5.2.2.1 实验装置

所用的实验装置如图5-6所示。光源1发出的X射线被透镜2会聚，样品3放在透镜焦斑位置处，探测器4探测来自样品的X射线信号。

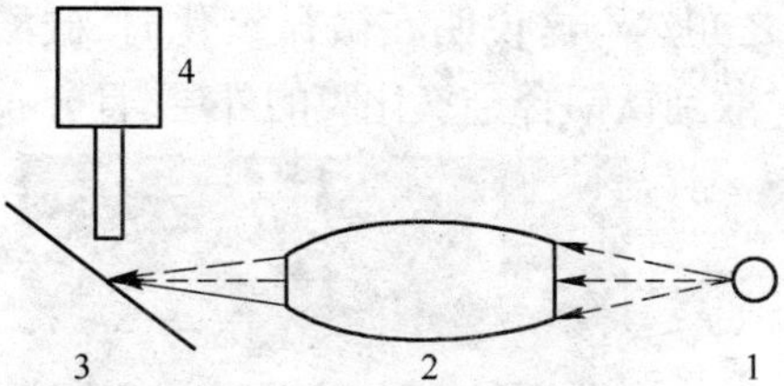


图 5-6　实验装置示意图

1—光源;2—整体 X 光会聚透镜;3—样品;4—探测器

实验中所用 X 射线光源是微聚焦光源(MCBM 50-0.6B),其钼靶焦斑直径为 50 μm。探测系统为 XFlash Detector 2001 RÖNTEC 和 RÖNTEC MAX Spectrometer,其中,探测器探测窗口的直径为 2.0 mm。该探测系统对 6.4 keV 能量点的能量分辨率为 140 eV。整体毛细管 X 光会聚透镜的参数见表 5-2。

**表 5-2　整体毛细管 X 光会聚透镜参数**

| 项　目 | 参　数 |
| --- | --- |
| 长度/mm | 86.0 |
| 入口焦距/mm | 70.0 |
| 出口焦距/mm | 13.0 |
| 在 17.0 keV 的功率放大倍数 | 3000 |
| 在 17.0 keV 的等效距离/mm | 2.3 |
| 在 17.0 keV 的焦斑直径/μm | 27.5 |

实验中所用样品是钛铝合金在硅酸盐溶液中经过微弧氧化制成的薄膜,该薄膜是分层的,大体分为外层和内层,图 5-7 是样品的侧横截面示意图。

5.2.2.2　实验结果与讨论

对钛铝合金氧化膜的外表面进行了二维扫描,图 5-8 是薄膜外层 X 射线荧光谱。由图 5-8 可知,在外层中,铝的含量很低,所以,只给出了外层中钛和硅相对含量的二维分布图,如图 5-9 和图 5-10 所示。由图 5-9 和图 5-10 可以看出,一般而言,在硅含量高的地方,钛的含量低，反之亦然。这说明在微弧氧化时，硅酸盐微弧氧化液中硅元素已经扩散到钛铝合金氧化膜的外层，且分布不均匀。

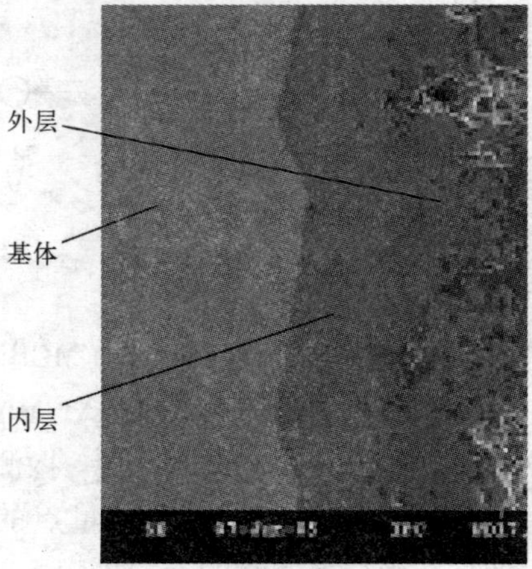


图 5-7　样品侧横截面示意图

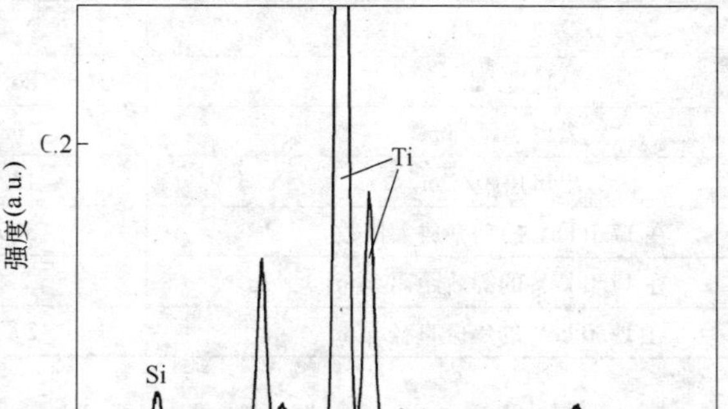


图 5-8　薄膜外层的 X 射线荧光谱

将外层打磨掉后，测量了内层的 X 射线荧光谱（如图 5-11 所示），将图 5-8 和图 5-11 比较可知，在钛铝合金氧化膜内层中仍然有硅，但硅的相对含量比外层低。这说明在微弧氧化时，硅酸盐微弧氧化液中硅元素已经扩散到钛铝合金氧化膜的内层，但主要富聚在外层。

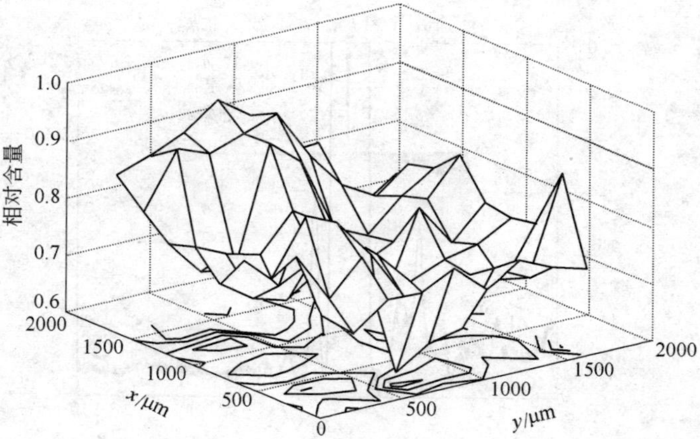


图 5-9　薄膜外层钛的相对含量的二维分布曲线

图 5-10　薄膜外层硅的相对含量的二维分布曲线

对铝钛合金氧化膜的内层进行了二维扫描，钛、硅和铝相对含量的二维分布曲线如图 5-12 ~ 图 5-14 所示。由图 5-12 和图 5-13 可知，上述“在硅含量高的地方，钛的含量低，反之亦然”的现象在钛铝合金氧化膜内层中仍然存在[2]。

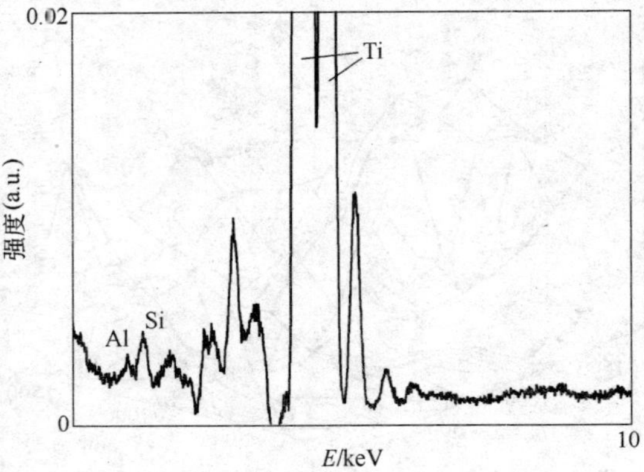


图 5-11　薄膜内层的 X 射线荧光谱

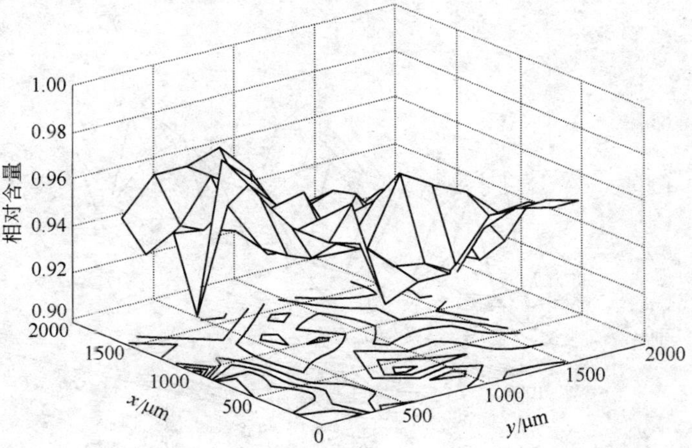


图 5-12　薄膜内层钛的相对含量的二维分布曲线

综上所述,硅酸盐微弧氧化液中硅元素参与了钛铝合金氧化膜的形成,它扩散到膜层中,主要富聚在膜的外层中。同时,铝、硅和钛在钛铝合金氧化膜中的分布是不均匀的。

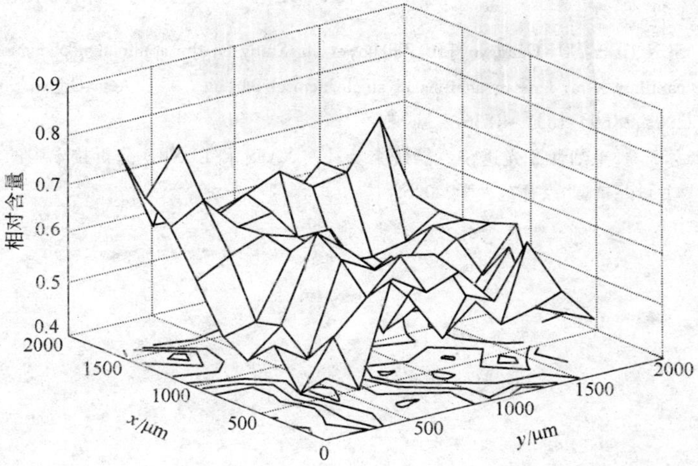


图 5-13　薄膜内层硅的相对含量的二维分布曲线

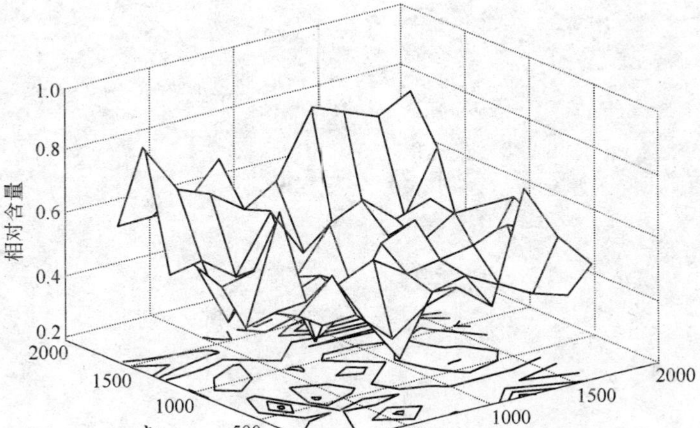


图 5-14　薄膜内层铝的相对含量的二维分布曲线

# 参 考 文 献

[1] SUN Tianxi, XU Guangyu, LIU Zhiguo, et al. Study on the application of monolithic capillary X-ray lens in analysis of single aerosol particles [J]. Acta Optica Sinica, 2008, 28(9): 1833 ~ 1836.

[2] 孙天希. 毛细管 X 光透镜性能研究及其在 XAFS 和 EDXRD 分析技术中的应用[D]. 北京:北京师范大学, 2006.

# 6 毛细管 X 射线光学器件在 X 射线成像技术中的应用

本章主要利用整体会聚 X 光透镜的会聚功能，将大焦斑光源会聚为微焦斑光源，以达到同轴 X 光位相成像的相干要求。空间相干是实现同轴 X 射线位相称度成像的必要条件，也是光源选择时首要考虑的问题。理想的平行光或点光源是完全空间相干的，对于实际光源，样品面上入射 X 射线的空间相干长度可表达为 $l_s = d_1\lambda/\sigma$，其中 $\sigma$ 为光源尺寸，$\lambda$ 为波长，$d_1$ 为光源到样品的距离。所以只要光源的平行度足够好或是源点的尺寸足够小，它就具备了一定的空间相干性。虽然 X 光透镜可以将焦斑会聚到几十个微米量级，但是经透镜会聚的 X 光是否仍然具有较高的空间相干性，这还有待研究。本章初步探究了 X 光透镜会聚光束的相干性，并考证了 X 光透镜在该领域应用的可能性[1]。

## 6.1 基于毛细管 X 射线光学器件和实验室 X 射线光源的成像设备

### 6.1.1 实验装置

本实验利用日本理学 12 kV 旋转阳极钼靶作为 X 光源，该光源焦斑大小为 0.3 mm × 0.3 mm。利用整体会聚 X 光透镜，该透镜长 90 mm，前焦距 $f_1$ = 78.7 mm，后焦距 $f_2$ = 12.7 mm。通过透镜的 X 光会聚在透镜的焦斑上，焦斑直径 $\phi$ = 22.8 μm。一般而言同轴 X 光位相成像的焦斑应小于 40 μm，以这种系统作为 X 光源可以达到 X 光位相成像对 X 光空间相干性的要求。实验装置安排如图 6-1 所示。仍然用胶片为图像接收器，这里曝光时间须根据距离远近及光强大小来确定。特别应该注意的是，光源在相同电压、电流条件下，有透镜时和无透镜时光强相差很大，有透镜一般在 1 min 以上,大致与距离的平方成正比;无透镜时一般仅几秒钟,与距离的关系不是很明显。

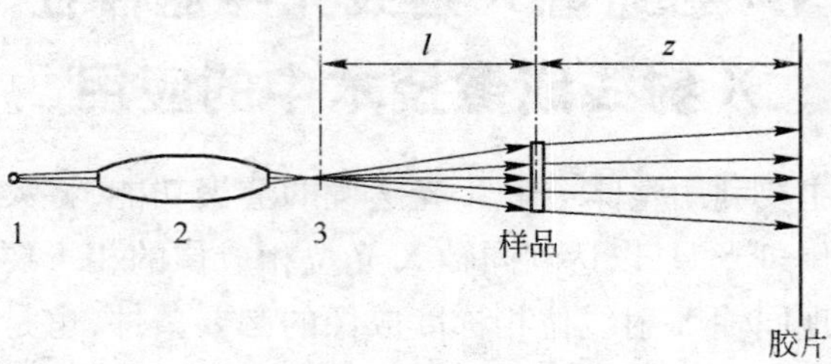


图 6-1　利用会聚透镜实验装置图

1—光源;2—透镜焦距;3—透镜的后焦点

### 6.1.2　实验结果

无透镜的实验结果如图 6-2 所示。这两张照片是在基本相同的条件下获得的。很明显有透镜时,虽然有透镜所带来的背底的影响,但我们依然可以看出图像清晰的轮廓,而无透镜时所得的图像边缘模糊。所以利用整体会聚 X 光透镜可以大大提高 X 光成像

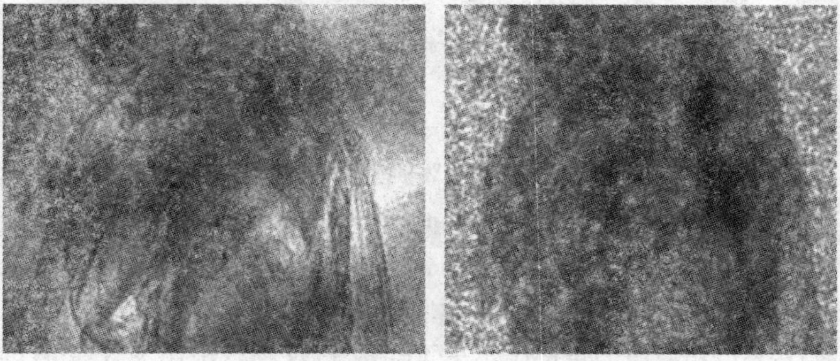


图 6-2　有无透镜实验结果的比较

*a*—有透镜,样品距透镜后焦斑 302 mm,样品距胶片 300 mm,曝光时间 2 min;

*b*—无透镜,样品距光源焦斑 342 mm,样品距胶片 316 mm,曝光时间 2 s

质量。但是,曝光时间也有明显的区别,在几乎相同的距离条件下,用透镜时 2 min 为最佳曝光时间,而无透镜时仅用了 2 s,这是因为虽然透镜可以使 X 光会聚到一点,但其利用率低,大部分 X 光无法通过透镜对底片曝光。因此曝光时间较长,这不利于进行实时成像的实验。

虽然对于图像的质量有明显的提高,但还难以确定它是否就是位相成像。因此本书用微焦斑 X 射线光源(光源焦斑直径为 15 μm)拍摄的位相成像照片与之相对比,如图 6-3 所示。在细节上,使用透镜所得图像和微焦斑光源所得图像几乎不相上下,并且使用透镜的图像也有明显的边缘加强现象,所以可以肯定,使用整体会聚 X 透镜可以得到同轴位相成像结果。

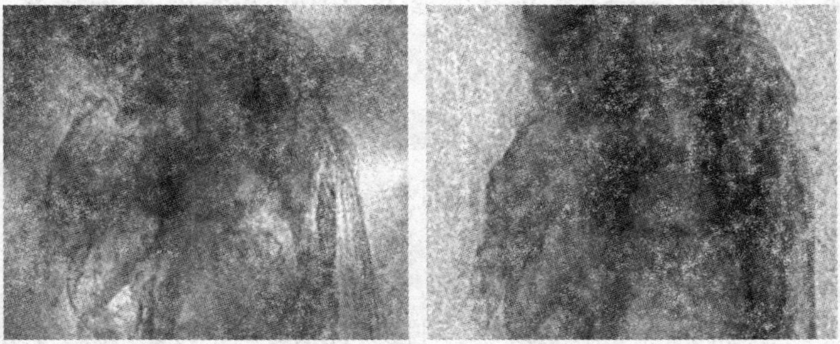

*a*　　　　*b*

图 6-3　用透镜与微聚焦光源的实验结果比较

*a*—有透镜样品距透镜后焦斑 302 mm,样品距胶片 300 mm,曝光时间 2 min;
*b*—微焦斑光源样品距焦斑 320 mm,样品距胶片 300 mm,曝光时间 23 s

使用微焦斑 X 光源进行位相成像时,样品到光源距离和样品到底片的距离对实验结果影响明显,因此再考察不同距离对实验结果的影响,实验结果如图 6-4 所示。从中可以看到,和微聚焦 X 光源所得到的结论一致,当样品到底片的距离比较近时,图像的细节模糊,边缘线条变粗,图像的质量明显下降。当样品到底片的距离较远时,图像细节清晰,有明显的边缘加强现象。

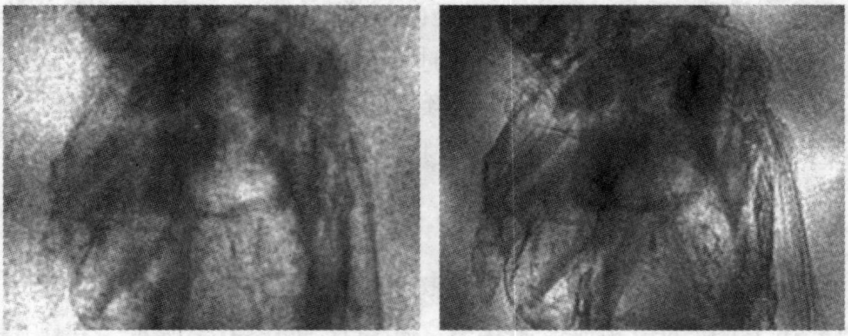

a　　　　　　　　　　b

图 6-4　使用整体会聚透镜时不同距离的实验结果

*a*—样品距透镜后焦斑 315 mm，样品距胶片 49 mm，曝光时间 35 s；

*b*—样品距透镜后焦斑 302 mm，样品距胶片 300 mm，曝光时间 2 min

## 6.2　基于毛细管 X 射线光学器件和同步辐射 X 射线光源的成像设备

### 6.2.1　实验设备和条件

X 射线成像实验是在北京同步辐射中心（BSRF）形貌实验站上进行的[2]。束流能量为 2.2 GeV，电流强度为 70～150 mA，单色光的能量为 14 keV。光斑尺寸为 18 mm×18 mm。

由于同步辐射 X 射线是一种准直性很好的平行光，无法得到样品放大的图像，可能丢失一些微小的细节。所以实验在光路中加入一个平行光透镜，平行光透镜相关参数见表 6-1。如图 6-5 所示，平行光透镜的作用是将平行光会聚成一个很小的斑点，相当于一个点光源。将样品放置在距离透镜后焦距不同位置上，就能得到不同放大倍数的数字图像。样品后是一个 CCD 耦合 X 射线成像仪，它可以直接将 X 射线图像转换为可见光图像，通过采集卡在计算机上显示数字图像。

**表 6-1　平行光透镜相关参数**　　（mm）

| 参　数 | 长　度 | 入口直径 | 出口直径 | 后焦距 |
|---|---|---|---|---|
| 平行光透镜 | 6 | 5 | 2.5 | 13 |

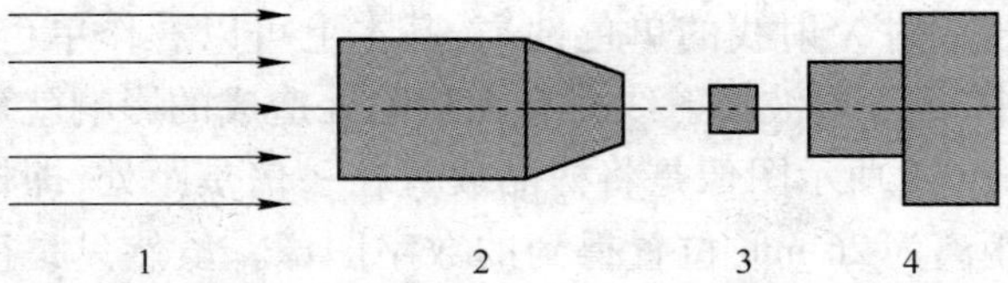


图 6-5 同步辐射成像实验原理图

1—平行 X 光;2—平行光透镜;3—样品;4—CCD

### 6.2.2 实验结果及分析

由于 X 射线透镜会引入背底,所以首先要得到透镜的背底图像,然后通过后期的图像处理将背底除去。图 6-6 所示的是平行光透镜背底的放大图像,从图中可以清晰看到透镜中毛细玻璃管的六角形轮廓,这些轮廓会对样品的图像质量造成影响。但在实验中透镜和 CCD 的相对位置并不发生改变,因此实验得到的每张样品图像中都会出现透镜的背底。并且背底的位置和大小都是相同的,唯一不同的就是背底的灰度值。这样就可以在后期的图像处理中,先对图像的灰度值进行校正,再使用数字减影的技术将透镜的背底去除,因此可以说,透镜的背底对最终的实验结果影响并不大。

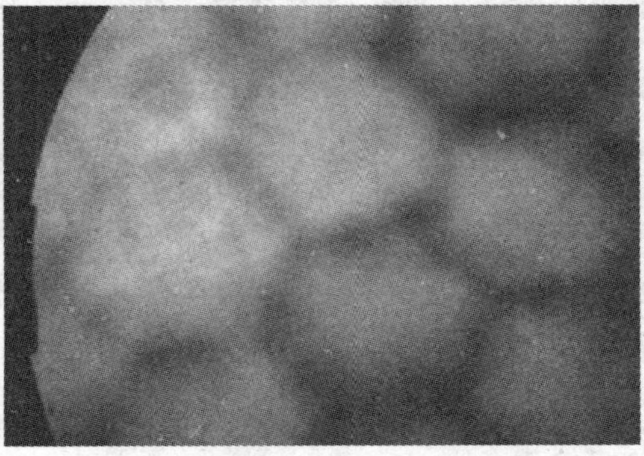

图 6-6 透镜背底图

同步辐射 X 射线的单色性高，基本上可以看作单色光，因此在成像中，因不同波长射线在有无缺陷处造成的影响就可以忽略不计。图 6-7 所示图像是将样品放置在一倍焦距处，即样品距透镜出口距离为 26 mm 位置得到的数字图像。虽然只是得到玻璃绝缘子局部的图像，但从图像中可以明显看出在玻璃绝缘子内部有个圆形区域，透射 X 射线强度要远大于周围区域。并且这个圆形区域的轮廓非常明显，区域内的灰度值已经达到饱和。除了圆形区域外，还可以观察到在玻璃绝缘子的边缘，存在一个不规则区域（图中黑色标注区域）。该区域内 X 射线穿透量也比较高，分析原因可能是玻璃和金属封接不紧密造成的。

图 6-8 是将平行光透镜移出光路，样品和 CCD 位置不变获得的一张数字图像。由于同步辐射 X 射线近似于平行光，所以图像没有被放大，能看到样品的全貌。图中也能看到其中一只玻璃绝缘子上有个圆形区域，X 射线透射量要大于周围区域，但是其清晰和明显程度要远小于图 6-7 中的缺陷。并且玻璃绝缘子边缘的缺陷无法识别。

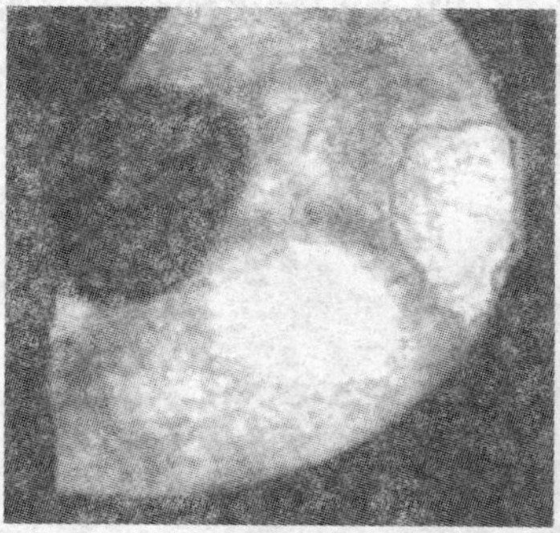

图 6-7　采用透镜时样品的 X 射线数字图像

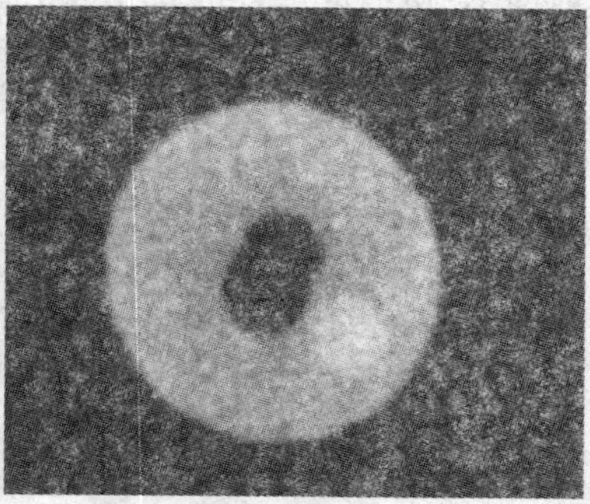

图 6-8　不采用透镜时样品的 X 射线数字图像

通过分析图 6-7 和图 6-8 不难看出，由于同步辐射 X 射线自身的优越特性，使得成像的效果远远好于普通 X 射线管源。但是同步辐射 X 射线近似于平行光，这样对分析微小样品会造成一定影响，不利于观察到样品的细节部分。借助于平行 X 光透镜，可以得到发散的单色光，且得到较好的实验结果。

### 6.2.3 数字减影技术在消除成像背景中的应用

实验中使用的 X 光会聚透镜是由很多毛细玻璃管组成的，不可能每根玻璃管都完美无损。如果玻璃管发生断裂，那么 X 射线就无法从该玻璃管中穿过，在图像中就可能出现一个黑色的斑点。另外整体会聚透镜是先拉制复合管，再将复合管制作为透镜，所以在图像中会出现六角形的背底。如图 6-9 所示，整个透镜是正六棱柱形，棱柱最外层包裹着一层有机材料，X 射线可以轻易地穿过，所以在图中看到明显的六边形轮廓。在图像的中心附近，可以看到一个个小的六边形，就像一个蜂窝状的结构，六边形的边就是毛细管的玻璃壁，虽然说毛细管非常薄，但它的壁也会对 X 射线的传输造成影响。

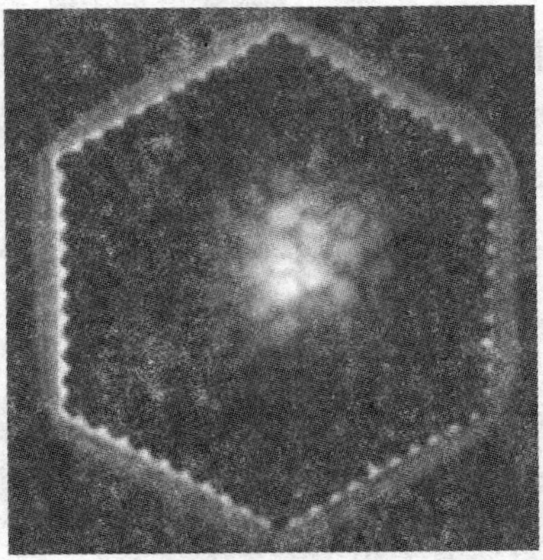

图 6-9　透镜 X 射线图

六边形的背底是 X 光透镜固有的缺陷，无法在成像系统中消除，只能在图像处理过程中减弱背底对图像造成的影响。

但在实验中使用同一个 X 光透镜拍摄出来的所有图片中都含有相同的背底，因此可以利用这个特点使用数字减影技术来降低背底的影响。

6.2.3.1 数字减影(DSA)原理

X射线数字减影的工作原理是建立在图像相减的基础之上的，将不同条件下摄取的数字图像做减影处理，消除背景干扰，增强两幅图像之间的差异，以便去除叠加在一起不感兴趣的那一部分影像，突出地显示留存下来感兴趣、有价值的那一部分图像信息。

设某时刻沿某路径 $L$ 获得的X射线图像的强度为：

$$I(x_d, y_d, t, \varepsilon) = I_0 \exp\left[-\int_L \mu(x, y, z, t, \varepsilon)\mathrm{d}z\right] \tag{6-1}$$

式中 $I_0$——X射线未衰减前的强度；

$\mu$——衰减系数；

$\varepsilon$——照射的X射线能量；

$\mu(x, y, z, t, \varepsilon)$——衰减系数 $\mu$ 与位置 $(x, y, z)$ 和射线能量 $\varepsilon$ 有关，还与图像采集时间 $t$ 有关。

在实验中先摄取一张只含有X光透镜的二维灰度图像，称为背景图 $M(x, y)$，然后将待检测物体放入X射线光路，再取得一幅图像，得到需要减影的原像，称为减影原图。可以用公式表示为：

$$I(x, y) = M(x, y)\exp[-\mu_2 T_2(x, y)] \tag{6-2}$$

式中 $\mu_2$——衰减系数；

$T_2$——厚度。

对一般图像可以利用前景与后景两幅图像对应点像素值直接做减(加)处理，不需要做对数变换，即可得到相应的减影图像。但是X射线穿过物体后呈指数规律衰减，所以需要对两幅图像取对数并相减，就可得到减影后图像。

$$D(x, y) = k[\ln M(x, y) - \ln I(x, y)] = -k\mu_2 T_2(x, y) \tag{6-3}$$

式中 $D(x, y)$——对数差图像；

$k$——常数。

由式6-1可知，$\mu(x, y, z, t)$ 实际上对应于检测物体结构细节。图像处理系统中所需的二维图像信息实际是其在 $z$ 方向上的投影。如果在数字减影前分别对减影原图和背景图像实行对数变换，那么所得到的减影图像数据是物体内部结构在 $z$ 方向的投影，这样减影就能够比较彻底地去除 X 光透镜的重叠图像。

6.2.3.2　*初步数字减影处理*

图 6-10*a*、*b* 是在实验中获取的两幅图像，其中 *a* 是只含有透镜的背景图，*b* 是含有一个金属制作的光栅的减影原图，如果直接将 *b* 和 *a* 做像素相减处理，即得到 *c*，可以明显地看到待检测物体的图像在 *c* 中显得更加清晰，更容易识别。这就是数字减影的效果。但是会聚透镜的背底并没有完全消除掉，仍可以看到比较模糊的六边形轮廓。

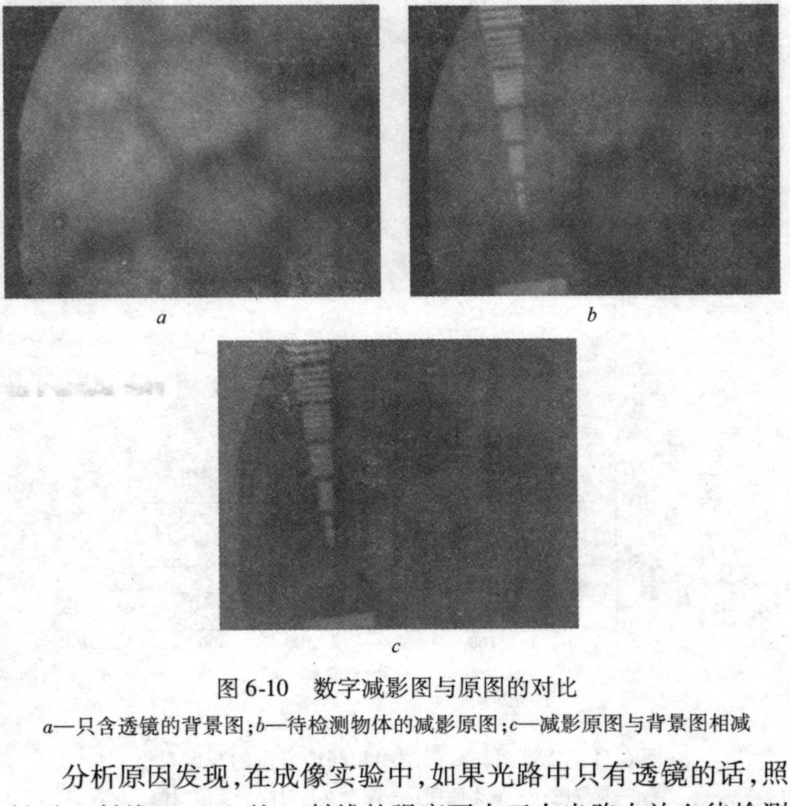

图 6-10　数字减影图与原图的对比

*a*—只含透镜的背景图；*b*—待检测物体的减影原图；*c*—减影原图与背景图相减

分析原因发现，在成像实验中，如果光路中只有透镜的话，照射到 X 射线 CCD 上的 X 射线的强度要大于在光路中放上待检测物体后的强度，即前者是 X 光经透镜会聚后直接照在了 X 射线接收器上，而后者 X 光又经与检测物体的相互作用才达到 X 射线接收器，从而造成减影原图中某像素点的灰度值要低于所对应背景图中该像素点的灰度值。

图 6-11*c* 是图 6-11*a*、*b* 中所标直线处像素点的灰度值，从图中可以明显看出，背景图中像素的灰度值在 100 左右浮动，而减影原图中像素的灰度值只有 70 左右。这种灰度值上的差距造成直接进行数字减影时，背景无法完全消除。

*a*

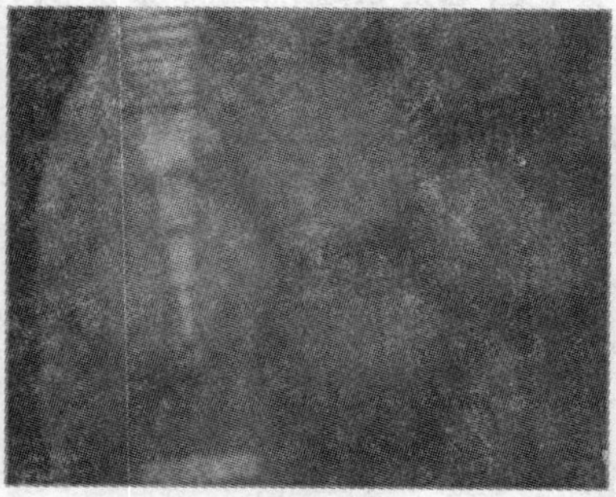

*b*

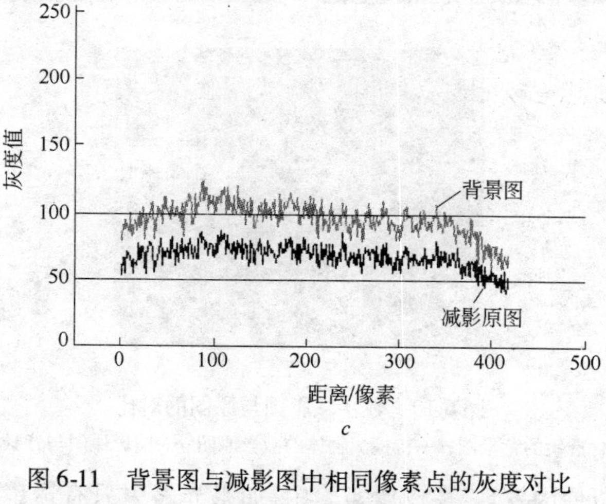


*c*

图 6-11　背景图与减影图中相同像素点的灰度对比

*a*—背景图；*b*—减影原图；*c*—像素点与对应灰度值图像

#### 6.2.3.3 数字减影前灰度校正

通过上述分析，本书提出一种解决的办法，就是数字减影前的灰度校正法。

当同一区域的成像条件发生变化时，虽然在感官上图像发生了很大的变化，但它所对应的直方图的变化却不大。因此，基于直方图相关的灰度校正方法，能实现图像灰度的均衡化。可以消除两种图像的背景亮度差别问题。要想实现基于直方图相关的直方图均衡化，必须使两幅图像的灰度级的变化范围一致。下面给出一个具体实现的例子。

由于X光会聚透镜的背底是比较规则的有规律排列的正六边形，所以可以认为某个六边形与其周围的六边形具有很高的相关性，这样就只需要对背景图和减影原图中某个六边形所在区域进行灰度级的分析，然后可以将分析的结果应用于整张图片灰度的变换。

如图6-12$a$、$b$所示，在减影原图和背景图的相同位置，截取一块大小为300×300(像素)的区域，图6-12$c$显示的是两块区域的灰度直方图。从图中可以明显看出，减影原图中像素数量最大值为4484，对应像素值为71，积分图形的区间范围为[38,94]；而背景图中像素数量最大值为3597，对应像素值为99，积分图形的区间范围为[52,130]。背景图中的感兴趣区域明显比减影原图要亮。因此以选取的区域为模板，对整张图像进行图像增强变换。由于减影原图中有待检测物体的图像，如果变换减影原图，可能使待检测物体的图像质量变坏，因此采取降低背景图的整体像素的办法。

设背景图$f(x,y)$的像素范围为$[a,b]$，而减影原图的像素范围为$[c,d]$。背景图变换后变为$g(x,y)$，则可以利用前面描述的公式进行处理。

这样就将背景图的灰度调整到与减影原图相一致，然后再进行减影处理，就可以得到比较理想的效果，如图6-13所示。

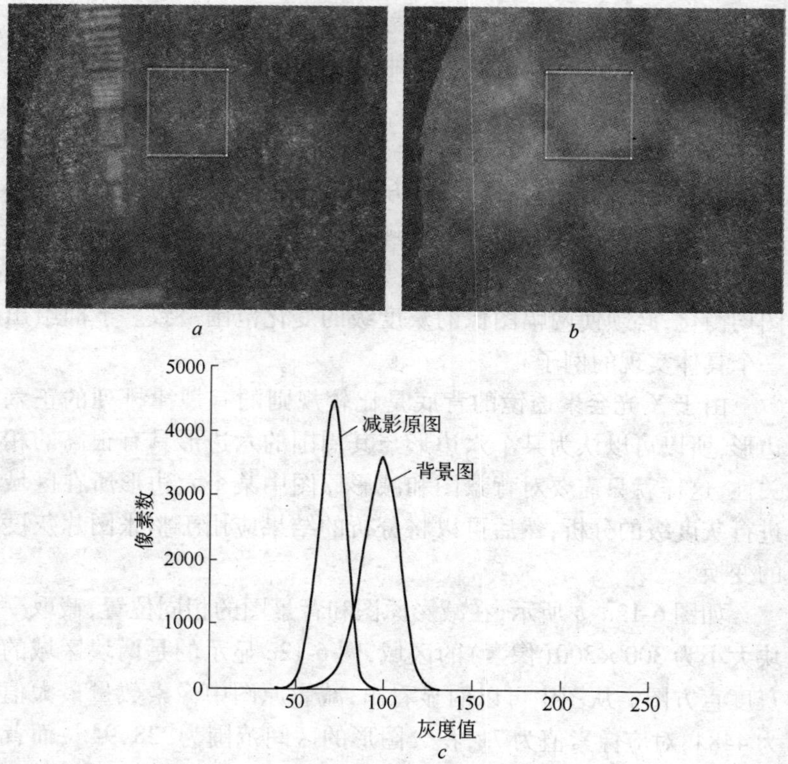


图 6-12 灰度校正中的直方图对比

*a*—减影原图；*b*—背景图；*c*—所选区域的直方图对比

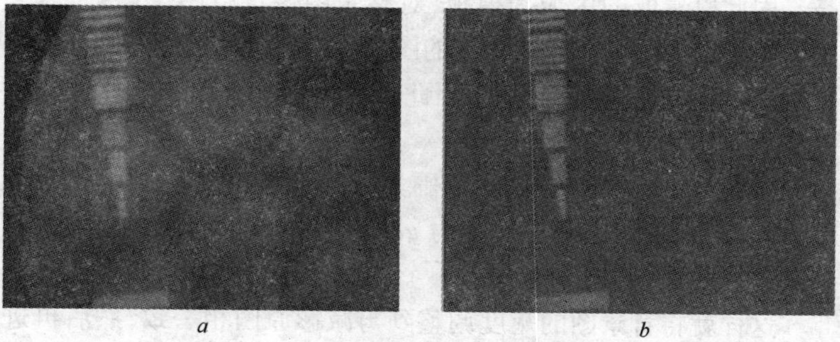


图 6-13 灰度校正前后数字减影图像对比

*a*—校正前直接相减得到的图片；*b*—校正后相减得到的图片

# 参考文献

[1] 李颖.使用X光透镜的X射线位相成像研究[D].北京:北京师范大学,2005.

[2] 杜晓光.X射线数字成像在玻璃绝缘子无损检测中的应用研究[D].北京:北京师范大学,2008.

# 7 利用毛细管X射线光学器件和超环面镜的组合会聚同步辐射

整体毛细管X光半会聚透镜是一种非线性光学器件，靠近透镜中心轴线部分毛细管的弯曲程度比边缘部分毛细管的弯曲程度小，这导致了透镜中心部分毛细管的传输效率比边缘部分毛细管的传输效率高。

国际上利用整体毛细管X光半会聚透镜来会聚同步辐射时，都是在双晶单色器和整体毛细管X光半会聚透镜入口之间安装"cross slit"以限制入射到整体毛细管X光半会聚透镜入口平面上的同步辐射，由于"cross slit"的存在，会浪费一部分同步辐射。超环面镜可以高效率地会聚大面积的同步辐射，但它的焦斑直径较大。当同步辐射的面积大于整体毛细管X光半会聚透镜的入口端面积时，可以利用超环面镜将大面积的同步辐射高效率地会聚为面积小于整体毛细管X光半会聚透镜入口端面的光束，然后利用整体毛细管X光半会聚透镜的中心部分会聚该光束。以超环面镜取代前面提到的"cross slit"可以使超过整体毛细管X光半会聚透镜的入口端面积的同步辐射得到利用，所以提高了同步辐射的利用率，同时也充分利用了具有较高传输效率的整体毛细管X光半会聚透镜中心部分，这有利于提高整体毛细管X光半会聚透镜焦斑处的功率密度。

本章介绍了利用整体毛细管X光半会聚透镜和超环面镜的组合会聚同步辐射的实验结果，同时研究了将上述组合系统会聚的微焦斑同步辐射应用于微区EXAFS分析的情况[1~3]。

## 7.1 整体毛细管X光半会聚透镜的非线性特性

为了进一步说明X光在整体毛细管X光半会聚透镜不同部位的传输特点，利用普通X射线光源模拟同步辐射光束对整体毛细管 X 光半会聚透镜进行了性能测量。

如图 7-1 所示，来自普通 X 射线光源 1 的发散 X 光束，经过整体毛细管 X 光平行束透镜 2（其几何参数见表 7-1）的会聚，成为发散度为 1 ~ 5 mrad 准平行光束（模拟同步辐射站的准平行光），整体毛细管 X 光半会聚透镜 3（被测量透镜，其几何参数见表 7-2）会聚该准平行光束，两透镜间距约为 7 mm。当两个整体毛细管 X 光透镜聚焦调节充分后，在两透镜之间放置直径为 500 μm 的小孔，让小孔沿垂直于两透镜中心轴线方向扫描，当小孔处在不同位置时，测量整体毛细管 X 光半会聚透镜 3 的传输效率，测量结果如图 7-2 所示。图 7-2 中，$z = 0$ 对应于小孔在整体毛细管 X 光半会

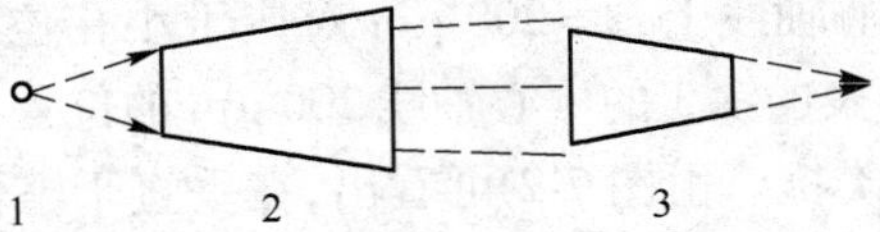


图 7-1 测量整体毛细管 X 光半会聚透镜性能的实验装置示意图

1—X 射线光源；2—X 光平行束透镜；3—X 光半会聚透镜

**表 7-1 整体毛细管 X 光平行束透镜的几何参数**

| 项　目 | 参　数 |
|---|---|
| 入口直径/mm | 5.5 |
| 出口直径/mm | 8.3 |
| 长度/mm | 47.5 |
| 单管数 | 280000 |

**表 7-2 整体毛细管 X 光半会聚透镜的几何参数**

| 项　目 | 参　数 |
|---|---|
| 入口直径/mm | 5.3 |
| 出口直径/mm | 3.1 |
| 长度/mm | 40.2 |
| 单管数 | 270000 |

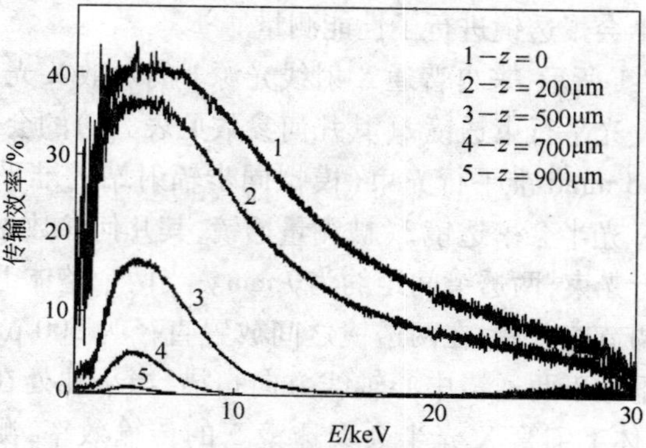


图 7-2　透镜传输效率和能量的关系

聚透镜 3 的中心轴线上，$z=200\ \mu m$ 对应于小孔位于离开整体毛细管 X 光半会聚透镜 3 的中心轴线 200 μm 的位置，变量 $z$ 其他取值的意义以此类推。由图 7-2 可看出，在垂直于整体毛细管 X 光半会聚透镜中心轴线截面的不同位置处，透镜传输效率的差别很大，随着小孔离开整体毛细管 X 光半会聚透镜中心轴线距离的增加，相应的传输效率降低，相应的传输效率曲线峰值点位置向低能方向的偏移量也增加，这是由于构成该透镜单毛细管的弯曲度是不均匀的，离透镜中心轴线越远位置处的单毛细管弯曲度越大，这不利于 X 射线（尤其是高能 X 射线）在毛细管中传输，并且，在弯曲度大的毛细管处，高能 X 射线有可能直接穿透毛细管壁，形成"halo"，对应于 $z=500\ \mu m$、$z=700\ \mu m$ 和 $z=900\ \mu m$ 位置，在能量高于 20 keV 时，该透镜传输效率测量值随着能量增加而明显升高，这是由于"halo"造成的。

利用图 7-1 的装置，测量了上述整体毛细管 X 光半会聚透镜的焦斑直径和能量的关系。如图 7-3 所示，当小孔在透镜中心时，焦斑直径随着能量的升高而减小，而当小孔在离中心 700 μm 时，由于"halo"的原因，在能量高于 21 keV 时，透镜焦斑直径随着能量的升高而增大。这是由于远离透镜中心的毛细管的弯曲度大，从而造成了当高能 X 射线经过其出口附近时，直接穿透了毛细管，形成了"halo"。

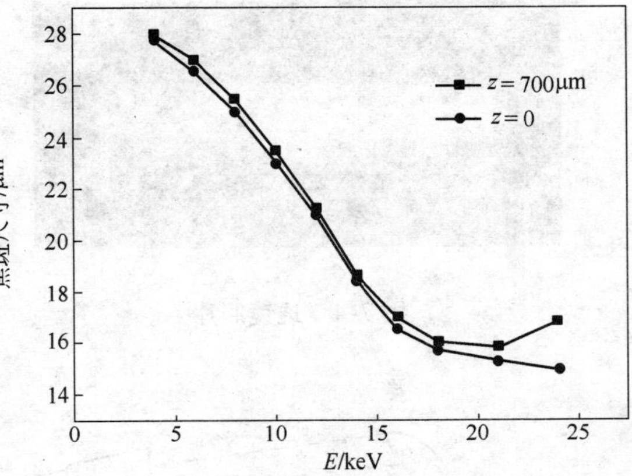


图 7-3　透镜焦斑直径和能量的关系

## 7.2　利用毛细管 X 光半会聚透镜和超环面镜的组合会聚同步辐射

实验在中国科学院高能物理研究所同步辐射实验室 1W1B-XAFS 束线上完成。图 7-4 是所用整体毛细管 X 光半会聚透镜的照片。如图 7-5 所示，来自双晶单色器的单色同步辐射的面积为 2.3 mm × 26 mm，其垂直发散度和水平发散度分别近似为零和 1.1 mrad，先利用超环面镜将该光束会聚为面积为 0.9 mm × 0.3 mm、水平和竖直发散度分别为 1.4 mrad 和 0.1 mrad 的束斑，然后利用整体毛细管 X 光半会聚透镜会聚该束斑。实验采用的整体毛细管 X 光半会聚透镜的几何参数见表 7-2。采用刀口扫描法测量整体毛细管 X 光半会聚透镜的焦斑直径。实验结果为：在 8 keV 能量点，该整体毛细管 X 光半会聚透镜会聚的焦斑直径为 21.4 μm，焦距为 13.3 mm，该组合系统焦斑位置处功率密度增益可达 47473。图 7-6 是利用刀口扫描透镜焦斑直径的积分和微分曲线图，其中，微分曲线的半峰全宽对应于透镜的焦斑直径，图 7-7 是整体毛细管 X 光半会聚透镜焦斑的照片。

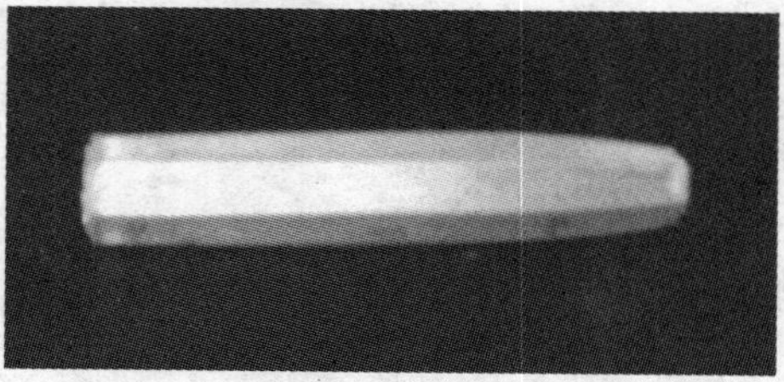

图 7-4　透镜照片

图 7-5　会聚同步辐射实验装置示意图

1—双晶单色器;2—超环面镜;3—半透镜

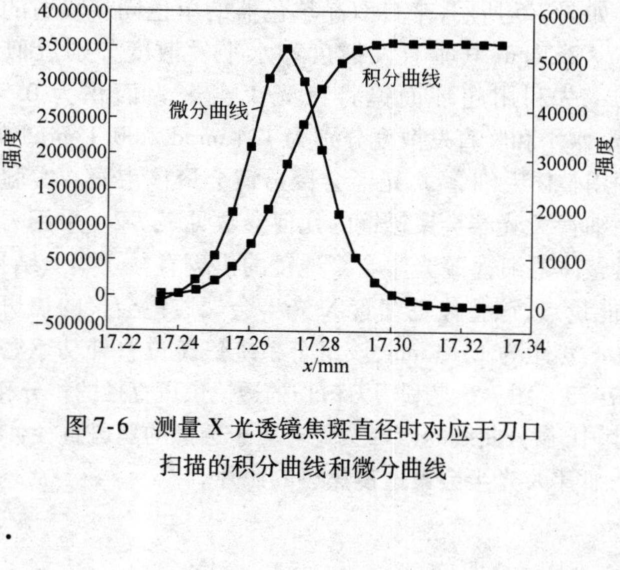


图 7-6　测量 X 光透镜焦斑直径时对应于刀口扫描的积分曲线和微分曲线

图 7-7　整体毛细管 X 光半会聚透镜焦斑照片

利用该微焦斑同步辐射测量了镍、锌箔的透射 EXAFS 谱，如图 7-8 和图 7-9 所示，在测量这些谱时，都是快速扫描的。还利用该微焦斑同步辐射测量了锌超富集植物切片的荧光 EXAFS 谱（如图 7-10 所示），锌超富集植物切片中锌的含量为 0.1%，切片厚度约为 40 μm，锌的荧光 EXAFS 谱的扫描时间为 10 min。图 7-11 是锌超富集植物切片的照片。

将镍箔的微区EXAFS谱和用大焦斑同步辐射测到的同一镍箔EXAFS谱归一化后做比较，由图7-12可知，采用整体毛细管

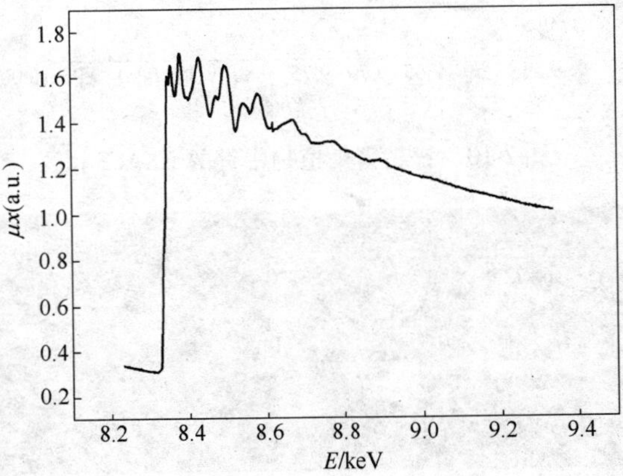


图 7-8　镍箔的 EXAFS 谱

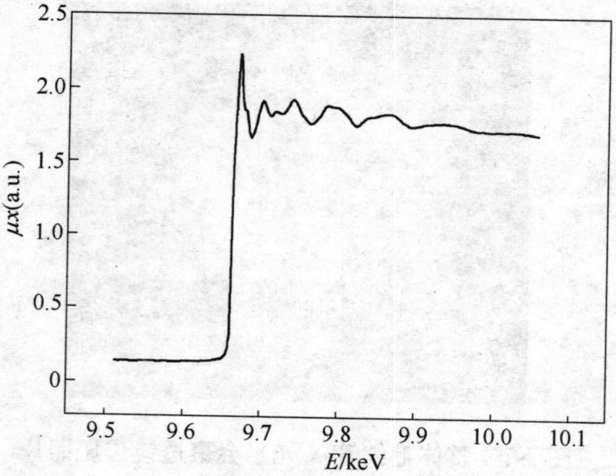


图 7-9 锌箔的 EXAFS 谱

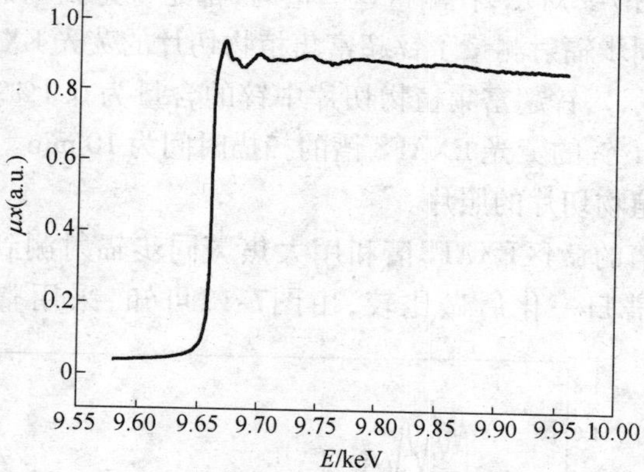


图 7-10 锌超富集植物中锌的 EXAFS 谱

图 7-11 锌超富集植物切片的照片

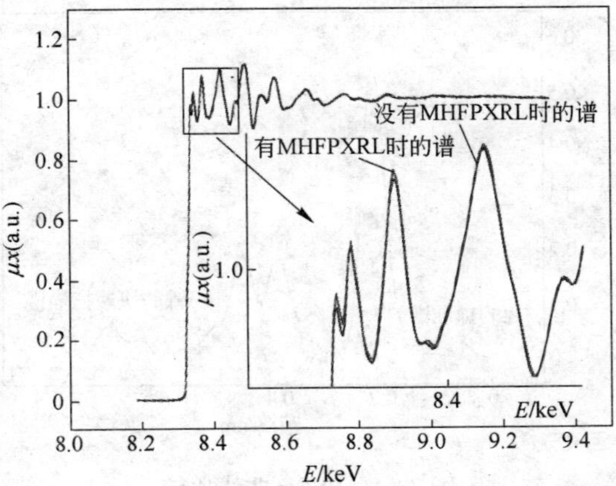


图 7-12　镍箔试样的 EXAFS 谱

X 光半会聚透镜后，谱的能量分辨率提高了，这是由于整体毛细管 X 光半会聚透镜在会聚同步辐射的同时，也起到了准直器的作用。图 7-13 和图 7-14 分别显示了两种谱$\chi(k)$-$k$ 曲线比较和 RSF-$r$ 曲线比较。

利用整体毛细管 X 光半会聚透镜和超环面镜的组合会聚同步辐射，由于会聚后的焦斑直径在 10 μm 量级，所以可利用该微焦斑进行微区荧光、微区 XAFS 分析以及其他微区 X 射线分析。

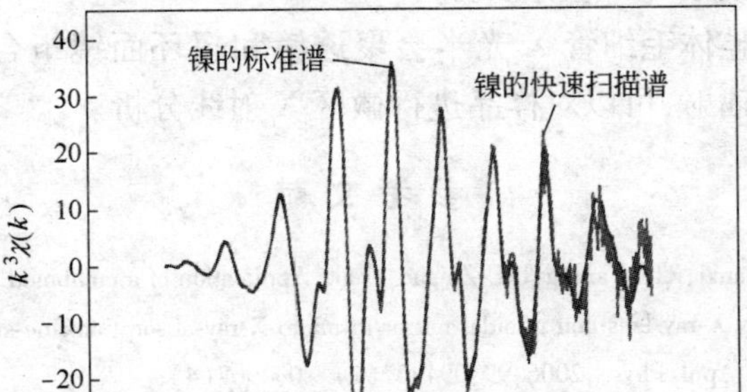


图 7-13　$\chi(k)$-$k$ 曲线比较

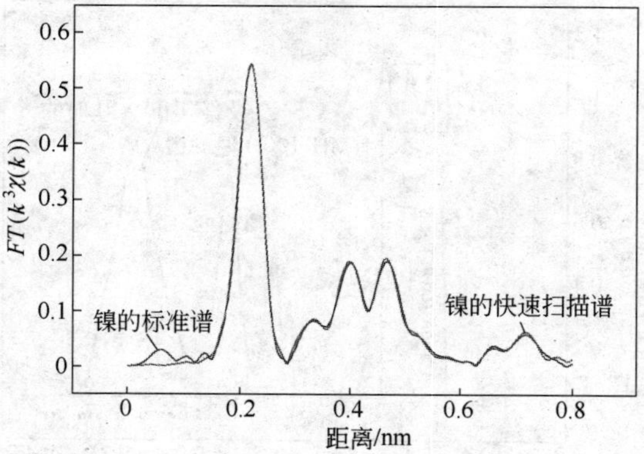


图 7-14　RSF-$r$ 曲线比较

整体毛细管 X 光半会聚透镜的焦斑直径随着透镜焦距的减小而减小，随着构成透镜单毛细管出口直径的减小而减小，所以，根据需要可研制焦斑直径进一步减小的整体毛细管 X 光半会聚透镜。

利用整体毛细管 X 光半会聚透镜和超环面镜的组合会聚同步辐射，既提高了同步辐射的利用率，也充分利用了具有较高传输效率的 X 光透镜的中心部分，这有利于提高组合系统焦斑处的功率密度和减小"halo"的影响。

利用整体毛细管 X 光半会聚透镜和超环面镜组合会聚的微焦斑同步辐射，可以对样品进行微区 X 射线分析。

## 参考文献

[1] SUN Tianxi, XIE Yaning, LIU Zhiguo, et al. Application of a combined system of polycapillary X-ray lens and toroidal mirror in micro-X-ray-absorption-fine-structure facility [J]. J. Appl. Phys., 2006, 99: 094907(1) ~ 094907(4).

[2] 孙天希，谢亚宁，刘志国，等. 利用整体毛细管 X 光半会聚透镜会聚同步辐射 [J]. 中国激光. 2006, 33(4): 456 ~ 460.

[3] 孙天希. 毛细管 X 光透镜性能研究及其在 XAFS 和 EDXRD 分析技术中的应用 [D]. 北京：北京师范大学，2006.

# 8 毛细管X射线光学器件在共聚焦X射线分析技术中的应用

毛细管X光会聚透镜可以将发散或者平行(准平行)X射线光束会聚为直径在10 μm数量级的出口焦斑,透镜焦斑位置处的功率密度增益在$10^3$数量级,所以该类会聚透镜在微区X射线分析中有着广泛的应用。毛细管X光平行束透镜可以将微焦斑光源发出的发散X射线束约束成为发散度为几个毫弧度的准平行光,另外毛细管X光平行束透镜存在一个直径在10 μm数量级的入口焦斑,该透镜只收集来自其入口焦斑范围内的X射线信号,正因为这些特点,毛细管X光平行束透镜被广泛应用于X射线衍射和微区X射线荧光分析中。

近年来,毛细管X光透镜共聚焦的X射线分析技术备受人们青睐。毛细管X光透镜共聚焦是指毛细管X光会聚透镜的出口焦斑和毛细管X光平行束透镜的入口焦斑重合时,毛细管X光平行束透镜只能收集到来自该焦斑重合范围内(或者说"共聚焦微元内")的X射线信号,基于此,在激发道(excitation channel)安放一个毛细管X光会聚透镜,在探测道(detection channel),即在探测器前安放一个毛细管X光平行束透镜,当该平行束透镜的入口焦斑和激发道的会聚透镜的出口焦斑重合(即实现了共聚焦)时,该共聚焦微元的体积取决于激发道半会聚透镜的出口焦斑直径和探测道平行束透镜的入口焦斑直径,并且与两透镜的空间相对位置也有一定的关系。共聚焦调节完毕后,两个毛细管X光透镜不动,通过样品的移动,该设备就可以得到样品不同深度处共聚焦微元范围内样品的X射线信号,所以,该共聚焦X射线设备可以对轻基体样品(例如生物有机样品)不同深度部位的成分和结构进行分析,当然,该共聚焦设备可以通过样品的移动得到样品不同深度处某平面上各点的X射线信号,所以,该设备可以对样品进行三维无损 X 射线分析。另外,该设备还可以对颗粒物样品(例如大气颗粒物样品)进行单颗粒 X 射线分析。共聚焦 X 射线分析技术在生物、环境和考古学等领域中有着广泛的潜在应用,在液态物质的三维无损 X 射线分析中也将有广泛的潜在应用。国际上,主要是将基于毛细管 X 光透镜的共聚焦 X 射线分析技术应用在 XRF 分析中,他们利用它分析了古画和矿物等样品,并且取得了很好的结果。

北京师范大学利用毛细管 X 光透镜建立了两种共聚焦 X 射线设备,一种是基于实验室普通 X 射线光源的共聚焦 X 射线分析谱仪,另一种是基于同步辐射 X 射线光源的共聚焦 X 射线分析设备,并正把它应用在环境和考古等领域。北京师范大学在利用基于实验室普通 X 射线光源的共聚焦 X 射线分析谱仪进行三维无损 X 射线荧光分析的基础上,在国际上首次尝试了利用该谱仪进行三维无损 X 射线衍射分析的研究[1]。

## 8.1 基于毛细管 X 射线光学器件和实验室普通 X 射线光源的共聚焦 X 射线光谱仪

共聚焦X射线分析设备的示意图如图8-1所示。X射线光

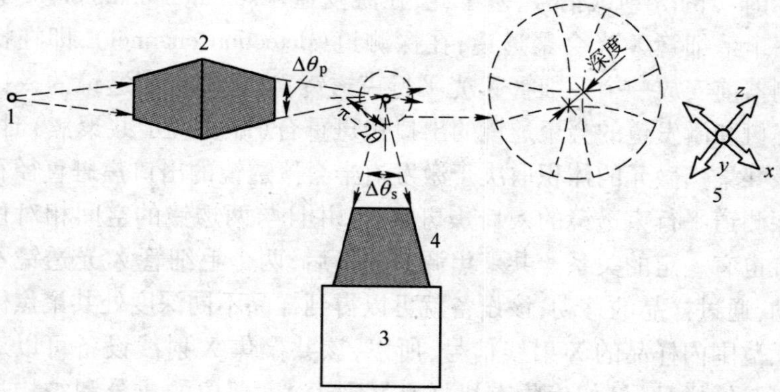


图 8-1 共聚焦 X 射线分析设备示意图

1—光源;2—激发道的 PFXRL;3—探测器;4—探测道的 PPXRL;5—样品扫描方向

源发出的 X 射线被毛细管 X 光会聚透镜(PFXRL)会聚为微焦斑，该微焦斑处样品发出的 X 射线被毛细管 X 光平行束透镜(PPXRL)收集后，被探测器所探测。

### 8.1.1 毛细管 X 射线光学器件在共聚焦 X 射线分析技术中的特性

#### 8.1.1.1 PFXRL 出口焦斑前后的发散度

PFXRL 焦斑前后的发散度用图 8-1 中 $\Delta\theta_p$ 表示，其与能量的关系如图 8-2 所示。PFXRL 焦斑前后的发散度随着能量的升高而减小，主要是因为 X 射线在毛细管中发生全反射的临界角随着能量的升高而减小的缘故。

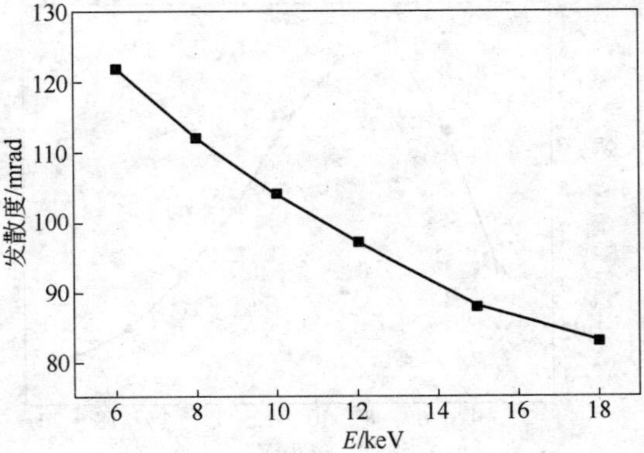


图 8-2 PFXRL 焦斑前后的发散度与能量的关系

#### 8.1.1.2 PFXRL 出口焦斑与能量的关系

PFXRL 焦斑大小和能量的关系如图 8-3 所示。图中曲线的变化趋势的原因可以参考 2.3.2 节中的讨论。

#### 8.1.1.3 PFXRL 传输效率与能量的关系

PFXRL 传输效率和能量的关系如图 8-4 所示。图中曲线的变化趋势的原因可以参考 2.3.2 节中的讨论。

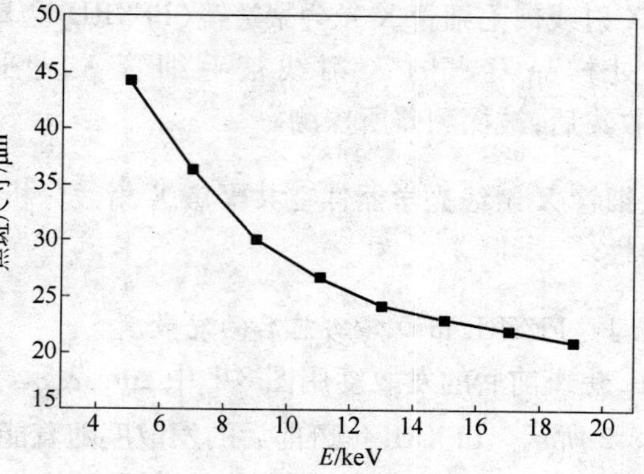


图 8-3　PFXRL 的焦斑直径与能量的关系

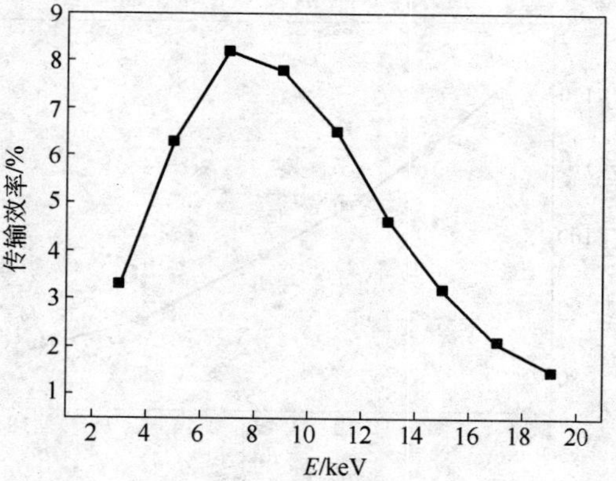


图 8-4　PFXRL 传输效率和能量的关系

8.1.1.4　PPXRL 的收集角

PPXRL 的收集角如图 8-1 中的 $\Delta\theta_s$ 所示，其与能量的关系如图 8-5 所示，曲线变化趋势的原因请参考 8.1.1.1 节中的解释。

8.1.1.5　PPXRL 的入口焦斑与能量的关系

PPXRL 的入口焦斑直径与能量的关系曲线如图 8-6 所示，曲线变化趋势的原因可参考 2.3.2 节中的讨论。

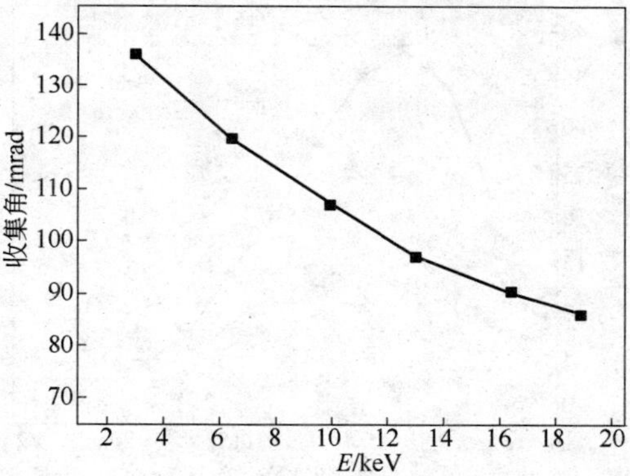


图 8-5　PPXRL 的收集角

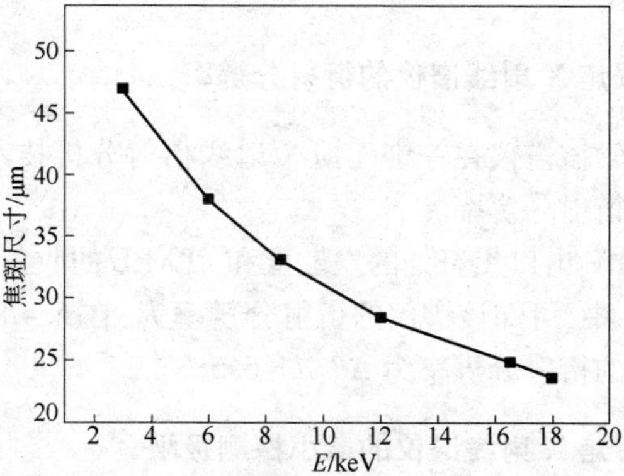


图 8-6　PPXRL 的入口焦斑直径与能量的关系

8.1.1.6　PPXRL 的传输效率与能量的关系

PPXRL 传输效率和能量的关系如图 8-7 所示。变化曲线的变化趋势的原因可以参考 2.3.2 节中的讨论。

## 8.1.2　共聚焦 X 射线谱仪的空间分辨率

共聚焦 X 射线谱仪的空间分辨率可以用共聚焦微元边长来表示，采用刀口扫描法测量该谱仪的空间分辨率为：在 $2\theta = 90°$ 时，该谱仪的横向和竖向分辨率分别为：$l_x \times l_y = 49.7\ \mu m \times 49.9\ \mu m$，深度分辨率为：$l_z = 48.1\ \mu m$。

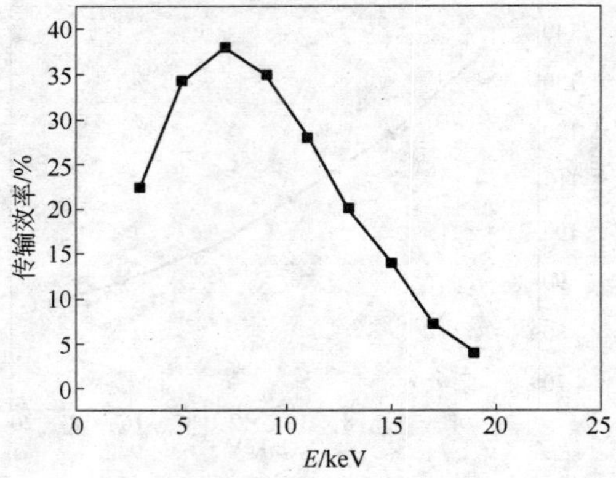


图 8-7　PPXRL 传输效率和能量的关系

### 8.1.3　共聚焦 X 射线谱仪的衍射分辨率

为了探索该谱仪在三维无损 X 射线衍射分析技术中的应用，研究了它的衍射分辨率。

将 PFXRL 出口焦斑处的发散度和 PPXRL 的收集角带入到式 4-1 和式 4-2 中，可知该谱仪的衍射分辨率为：在 6.4 keV 能量点，该装置的总的衍射分辨率为 $\Delta d/d = 6.5\%$。

### 8.1.4　共聚焦 X 射线谱仪的最小探测极限

该共聚焦 X 射线谱仪在进行三维无损 X 射线荧光分析时，其最小探测极限为：采用钼靶，当光源工作电压和电流分别为 20 kV 和 30 mA 时，在测谱时间为 200 s 的实验条件下，该谱仪对于铁和铜的 $K_\alpha$ 线的最小探测极限分别为 6 pg 和 10 pg。具体测量方法见 5.1.2.3 节中的有关部分。

### 8.1.5　共聚焦谱仪在三维无损 X 射线荧光分析中的应用

对古墙壁的涂层进行了三维无损 X 射线荧光分析[2]，分析结果如图 8-8 所示。由图 8-8 可见，该涂层呈明显的层状结构，这为该古墙壁的修复打下了基础。

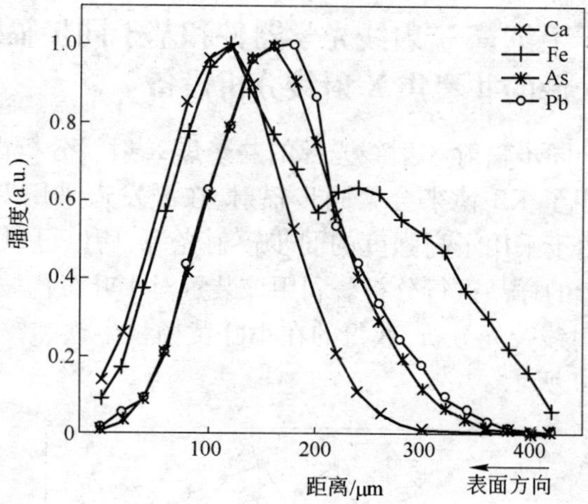


图 8-8　古墙壁涂层中元素分布图

### 8.1.6　利用共聚焦谱仪测量微小样品能量色散衍射谱

为了研究该谱仪在三维无损 X 射线衍射分析技术中的应用，利用它测量了微小铜颗粒单颗粒(直径为 52 μm)的能量色散衍射谱，如图 8-9 所示。

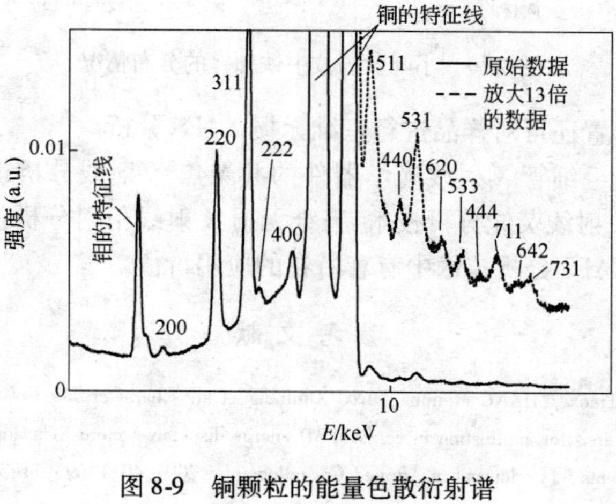


图 8-9　铜颗粒的能量色散衍射谱

## 8.2 基于毛细管 X 射线光学器件和基于同步辐射 X 射线光源的共聚焦 X 射线分析设备

在基于同步辐射 X 射线光源的共聚焦 X 射线分析设备中，在激发道采用了 KB 镜来会聚同步辐射，在激发道采用 PPXRL[3]。该种装置由于采用了高强度的同步辐射光源，所以可以利用该设备对低含量的样品进行分析。利用该装置对小叶黄杨枝进行了三维无损 X 射线荧光分析，获得的在小叶黄杨枝中铁和锌的分布情况如图 8-10 所示。

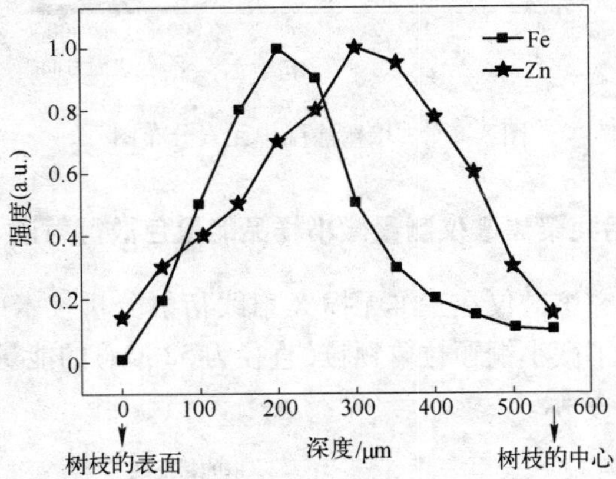


图 8-10　小叶黄杨枝中铁和锌的分布情况

该装置还可对样品进行三维无损 XAFS 分析。

基于毛细管 X 射线光学器件的共聚焦 X 射线分析设备在三维无损 X 射线荧光分析技术、三维无损 X 射线衍射分析技术和三维无损 XAFS 分析技术中有着潜在的应用价值。

### 参考文献


[1] SUN Tianxi, ZHANG Meirong, DING Xunliang, et al. Characterization of polycapillary X-ray lens for application in confocal 3D energy dispersive micro X-ray diffraction experiments [J]. Journal of Applied Crystallography, 2007, 40: 1169 ~ 1173.

[2] LIN Xiaoyan, WANG Zhihong, SUN Tianxi, et al. Characterization and applications of a new tabletop confocal micro X-ray fluorescence setup [J]. Nucl. Instrum. Methods Phys. Res. B, 2008, 266: 2638 ~ 2642.
[3] SUN Tianxi, DING Xunliang, LIU Zhiguo, et al. Characterization of a confocal 3D micro X-ray fluorescence facility based on polycapillary X-ray optics and Kirkpatrick-Baez mirrors [J]. Spectrochimica Acta Part B, 2008, 63: 76 ~ 80.

# 9 毛细管 X 射线光学器件在安保防恐设备和医疗设备中的应用展望

随着“9 · 11”恐怖事件的出现,机场和车站等公共场所的安检仪器的研制任务显得更加重要,笔者针对美国最新的一些采用 X 射线的安检仪器进行了调研,同时针对其他一些广泛应用 X 射线的领域,如医学领域,进行了调研,结合现有整体透镜的特点,提出了整体 X 光透镜在这些领域中存在着很多潜在的应用价值,这也在一定程度上为提高和发展整体 X 光透镜指明了方向[1]。

## 9.1 毛细管 X 射线光学器件在安保防恐设备中的应用前景

### 9.1.1 $Z^R$ 背散射技术

9.1.1.1 X 射线基础知识

一束 X 射线以一定的方向通过物质时,其强度将以三种方式受到衰减:

(1) X 射线光子被吸收,即所谓的光电吸收或真吸收;

(2) X 射线的散射,包括相干散射和不相干散射;

(3) 电子偶的生成。

一般说来,在低能条件下,光电吸收是主要的;在高能条件下,只有当 X 射线的能量大于 1.022 MeV 时,并且散射体的原子序数符合一定要求时,才有电子偶的产生;在两者之间,以康普顿效应(不相干散射)占优势。以下对前两种方式做简单介绍。

A X 射线吸收

若 X 射线束(强度为 $I_0$)通过厚度为 $t$ 的吸收体时的强度为 $I$,则有

$$I = I_0 e^{-\mu_m \cdot \rho \cdot t} \tag{9-1}$$

式中　$\rho$——吸收体的密度；

$\mu_m$——质量衰减系数，只与物质的原子序数和入射线的波长有关。

在大多数情况下，下面的式子成立：

$$\mu_m \approx KZ^4 \lambda^3 \tag{9-2}$$

式中　$K$——常量；

$Z$——原子序数；

$\lambda$——波长。

B　X 射线的散射

对于 X 射线通过物质时的衰减来说，尽管对波长较长的 X 射线和原子序数较大的散射体，散射作用和吸收作用相比常居于无足轻重的地位，但是，对于轻元素（原子序数小）的散射体和波长很短的 X 射线，散射作用就显著了。

a　相干散射

相干散射也称瑞利（Rayleih）散射、弹性散射和经典散射。对于入射的 X 射线来说，这种散射线只是方向的改变而波长不变。相干散射的产生，通常是由入射 X 射线光子与结合能较大的电子碰撞引起的。

b　不相干散射

不相干散射也称康普顿（Compton）散射、非弹性散射或量子散射。它与相干散射不同，它是能量较大的 X 射线与结合能较小的电子或者自由电子发生非弹性碰撞的结果。经这种电子散射的次级辐射，其波长比原级射线长，且随不同的方向而改变。波长的变化规律可运用爱因斯坦的光子学说来解释，如图 9-1 所示。

设入射 X 射线光子的动量为：

$$p = \frac{h}{\lambda} \tag{9-3}$$

它沿着 $x$ 轴的方向向电子冲击后的动量为：

$$p' = \frac{h}{\lambda'} \tag{9-4}$$

由动量守恒和能量守恒可知

$$\Delta\lambda = \lambda' - \lambda = \frac{h}{m_0 c}(1 - \cos\theta) \tag{9-5}$$

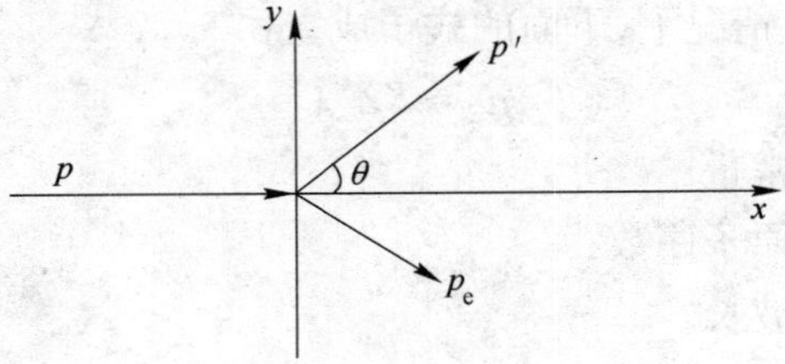


图 9-1　康普顿散射示意图

c　不相干散射和相干散射的相对强度

如上所述,不相干散射和相干散射的产生机制不同,其相对强度也随入射 X 射线的波长、散射角 $\theta$ 以及散射体的原子序数 $Z$ 而发生变化。

不相干散射的强度 $I_C$ 和相干散射的相对强度 $I_R$ 之比与 $\lambda$、$\theta$ 和 $Z$ 的关系一般为

$$\frac{I_C}{I_R} \approx \left[\frac{3}{4} + \frac{0.0243 \cdot n^2}{2\lambda^2 \cdot R \cdot (Z - \sigma)^2}\sin^2\frac{\theta}{2}\right]^4 - 1 \tag{9-6}$$

从式 9-6 可看出,随入射线波长的增加,$\frac{I_C}{I_R}$值迅速减小;随着散射角从 0° ~ π 增加,此比值也增加;随着 $Z$ 的增加,比值迅速下降。总的说来,对 $\lambda$ 很长的入射线(如可见光)在重元素上散射时,由于光子的能量不足以使电子从原子中挣脱出来,则全部散射是相干的,反之,对 $\lambda$ 很短的入射线(如 $\gamma$ 射线)在最轻的元素上散射时,由于光子的能量大于 $K$ 电子的结合能,则全部散射是不相干散射,介于上述两者之间,则两种散射都有可能出现,其相对强度取决于 X 射线的波长、散射角 $\theta$ 以及散射体的原子序数 $Z$。

9.1.1.2　$Z^R$ 背散射技术(backscatter technology)知识

A　$Z^R$ 背散射技术基本原理

当 X 射线射向物质时,有一部分透过物质,有一部分被吸收,

还有一部分被散射。在被散射的部分中,有些被散射到和入射方向相反的方向上,$Z^R$ 背散射指的就是这一部分。并且通过选择合适的 X 光源和背散射角以保证在被探测物质范围的散射主要为非弹性散射,即 $Z^R$ 背散射技术是利用背散射中的非弹性散射的 X 射线来成像的。$Z^R$ 背散射 X 射线成像系统捕捉到这些被背散射回来的 X 射线,然后给出一个类似于照片的图像。为了给出一个高空间分辨率的图像,需要对射向物体的 X 射线做一定的限制,目的不同,限制装置也有区别,例如在汽车和身体探测系统中,他们用的都是调制盘(chopper wheel),如图 9-2 所示。其具体原理是:在调制盘上做一些合适的扇形 X 射线透过区,透过区之间是不通的,这样当被检物体以一定的速度穿过安检区时,调制盘是转动的,这样就完成对被检物体的扫描。用限制装置的目的是减小样品采集区(点)的面积以提高空间分辨率,这样符合高空间分辨率的样品采集点,在视频监视器对应着一个像素,由于不同地方的样品采集点处的物质的原子序数有可能不同,从该采集点背散射回来的 X 射线的强度也不同,从而导致了和该采集点对应的像素点的灰度或者颜色的深浅不同,这个像素点用灰度或者颜色的深浅标志出来,在扫描时,计算机跟踪记录样品采集点位置,当被检的物体通过安检区时,对应着每个样品采集点实时地给出对应的像素点,所有的这些像素点共同构成了被探测物体的二维图像。

B　$Z^R$ 背散射 X 射线成像技术特点

$Z^R$ 背散射 X 射线成像技术是 X 射线透射成像技术的有利补充,由低原子序数原子构成的物质,例如毒品、农业产品、炸药、人的身体等,如果它们隐藏在高原子序数的且高密度的物质中,由于它们对 X 射线的吸收比较弱,所以用 X 射线透射成像方法很难分辨出它们,而通过前边的理论分析,可以用 $Z^R$ 背散射 X 射线成像技术来分辨它们。

$Z^R$ 背散射 X 射线成像技术可以从物体一边来探测物体形貌,所以很方便;并且 X 射线的剂量小,无损性更高。

C $Z^{R}$ 背散射 X 射线成像技术关键

$Z^{R}$ 背散射 X 射线成像技术在成像技术方面和医疗 X 射线成像技术方面的原理是相似的。只是用的 X 射线的历史有所区别，有的是用被背散射的 X 射线，有的是用被反射的 X 射线，还有的是用透射的 X 射线等。所以在成像技术方面应该不存在困难。

首先，由图 9-2 中准直器准直出来的 X 射线束截面上，要求功率密度均匀、截面要大，同时还要求尽量把低能部分滤掉，以减小背底，提高信噪比。

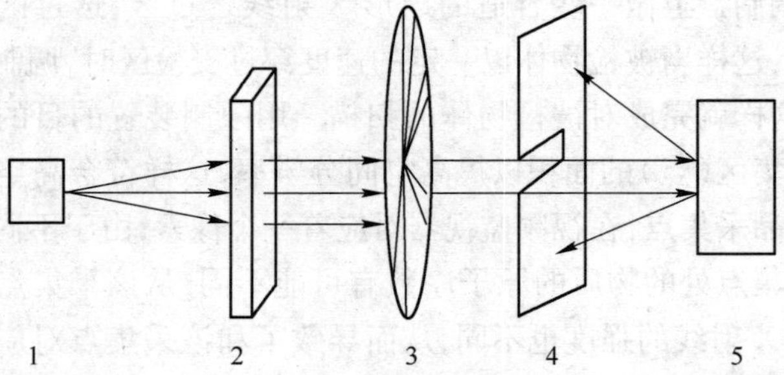


图 9-2 $Z^{R}$ 背散射技术示意图

1—X 光源；2—准直器；3—调制盘；4—探测器；5—被检物体

其次，$Z^{R}$ 背散射 X 射线成像技术关键是 X 射线限制系统。要得到高空间分辨率的背散射 X 射线图像，必须要由一个合适的 X 射线限制系统来提高空间分辨率。

再次，背散射 X 射线探测器，要求分辨率较高（半导体探测器），且面积较大，以至于在低 X 射线剂量的情况下达到计数统计要求。

考虑到现有整体平行束 X 光透镜的特点，提出以下建议：现有整体平行束 X 光透镜，经它聚束出来的 X 射线束截面上功率密度均匀，且具有将发散 X 射线会聚成准平行束的特点。这些特点对 $Z^{R}$ 背散射 X 射线成像技术来说很重要，但现有整体平行束透镜的聚束能量范围不符合 $Z^{R}$ 背散射 X 射线成像技术的要求。在

$Z^R$ 背散射 X 射线成像技术中用的 X 射线的能量为 60 keV 左右，而现有整体平行束透镜的聚束能量范围在几千电子伏到三万电子伏，所以如果能提高现有整体平行束透镜聚束能量范围到 $Z^R$ 背散射 X 射线成像技术的要求的能量范围内，则整体平行束透镜在 $Z^R$ 背散射 X 射线成像技术会有广泛的应用。

### 9.1.2 3D 成像技术

在安检仪器中，利用透射 X 射线 3D 成像技术的仪器主要有四种。

9.1.2.1 CTX

美国大部分机场用的都是 CTX。在该系统中，断层的原理是基于被检物体（或者 X 射线光源）与 X 射线探测器之间的同步运动。它利用 X 射线数字传感器来产生连续断层的信息，在 CT 安检仪器中，需要很高的信噪比 $\left(\frac{S}{N}\right)$ 和高质量的 X 射线源，从而也需要高水平的影像设施。对于螺旋型扫描 CT 系统，要得到高空间分辨率，还需要很高的旋转速度，例如要得到 1mm 的轴向空间分辨率，如果传送物体的传送带的运动速度为 0.25 m/s，则 X 射线传感器的旋转速度要达到 15000 r/min。所以 CT 安检系统造价昂贵。

9.1.2.2 多光源/传感器成像系统

该系统利用许多独立的 X 射线源和 X 射线传感器，由于该系统是多光源（从而要有多个 X 射线准直系统）和多传感器，所以结构复杂。该系统的主要缺点是造价高，机械装置复杂。该系统还存在着一个缺点，即多个准直系统相互之间配合调试繁琐。

9.1.2.3 相互垂直探测系统

相互垂直探测系统又称 $Z$-Scan 系统，即在讨论背散射成像时经常谈论到的双能量系统，它包括两个校准好的双能量 X 射线系统。一个系统从侧面对被检物体成像；另一系统从斜上方对被检物体成像，两个成像方向几乎垂直。这种双能量技术利用多种波长的 X 射线束和具有不同能量敏感区的 X 射线探测器来测量记录投向被检物体的 X 射线的强度以及和组成被检物体的物质的原子序数有关的信息。两幅图像中的双能量信息可用来提取轻原子序数元素构成的有机物的信息(例如毒品和炸药等)。两幅图像信息还可利用断层成像运算法则来构造物体的三维图像。此系统特点是能区分由有机物和无机物构成的物体。此方法于 1992 年开始研究。

#### 9.1.2.4　立体断层系统

立体断层系统如图 9-3 所示,有一个光源和两个线性探测系统。通过一个光源和合适的狭缝系统得到两束线性的 X 光,每束线性 X 光用一个空间分辨线性探测器来探测,由于这两束 X 光是非平行的,所以当物体先后通过这两束 X 光时,物体被两束 X 光先后照射的区域是一个个“小菱形”,所以,相应探测器探测到的信号与这些小菱形的大小和组成有关,而小菱形的大小与约束 X 射线的限制系统有关,菱形的大小体现在系统的(总)空间分辨率上;小菱形的组成就是我们感兴趣的。在此基础上,用合适的数学

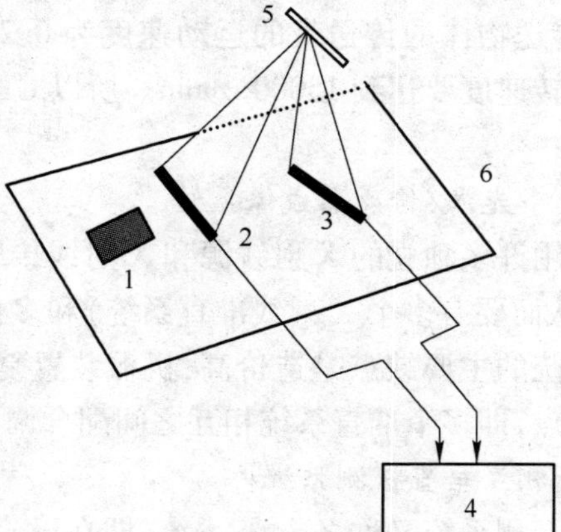


图 9-3　立体断层系统示意图

1—被检物体;2,3—线性探测器;4—成像系统;5—X 射线源;6—物体传送带

模型(类似于 CT 技术中的处理方法)将每个小菱形的信息计算出来,这是成像的基础,在成像处理时,每一个小菱形的信息(X 射线相对衰减系数类似于 CT 技术中"CT 数")储存在一个像素中,用(和小菱形信息有关的)灰度的深浅或者颜色的深浅来表征此像素点。输出图像时,用得较普遍的是"时间分割技术",此技术利用两个电视摄像系统,人们在观察它输出的图像时,可以带着特制的"转换眼镜"观察或者直接观察。当直接观察时,物体处在立体传感器聚焦点上的部分图像在屏幕上是清晰和静态的,而物体其他部分的图像在屏幕上是闪烁和模糊的。所有这些静态清晰的图像点代表物体某一部分。在此基础上,利用其他技术(可利用熟知的 CT 技术)取出每一薄层的信息,再加上边界条件,利用已有的用于 CT 和 MR(magnetic resonance)数据处理软件,就可得到立体图像。

立体断层系统的特点有:

(1) 立体断层系统实际上是一种简化的 CT 系统,在原理和技术方面,很多是和早期的 CT 原理和技术相似的。

(2) 立体断层系统和 CT 技术(用于安检的)相比,它具有结构简单、造价低等特点。

立体断层系统,文献中已有较好的断层面方面数学处理模型,其成像技术类似于 CT 中的成像技术,所以这两方面不存在困难。其关键是:

(1) 光束约束系统要符合高空间分辨率这一要求,所以从 X 射线源出来的 X 射线要通过一个准直系统将其准直成两束功率密度均匀、发散度小的线性光斑。

(2) 虽然文献中有断层面方面的数学模型,但文献中并没有给出怎样取出各个断层面信息的相应数学模型,不过这一点可以参考 CT 的数学处理模型来解决这个问题。

(3) 探测器一般来说应是折叠式的(它用了两个分离的光纤电缆来传输由 ICCD 收集产生的信号),并且具有高分辨率的特征。

考虑到立体断层系统的结构特点和功能特点，以及现有的整体平行束透镜的特点，建议设计线性焦斑的并且能够会聚高能量（大约在 60 keV）整体平行束透镜，它将在安检仪器和医用 CT 中有广泛的应用前景。

## 9.2 毛细管 X 射线光学器件在医疗设备的应用前景

现举例说明会聚透镜在 X 射线治疗方面的应用。假设某病人的体内有一病变块，病变块位于远离皮肤的地方，如果使用平行光束治疗该病变块，则光束到达病变体过程中经过的没有病变的有机体都要受到损伤，为了解决这一点，前几年西安有一专家报道过他发明的聚束设备，原理是该设备能将 X 射线会聚成一个焦斑，焦斑处的 X 射线比其他地方的 X 射线的功率密度大，所以此时只要合理控制焦斑的大小和位置，就能达到只允许焦斑处的 X 射线功率密度达到能够治疗病变体的程度，而其他位置处的 X 射线不至于在治疗过程对没病变的有机体造成很大的损害。如果能够设计出能会聚高能 X 射线（大于 30 keV）的整体会聚透镜，那么它会在 X 射线治疗方面有广泛的应用前景。

## 参 考 文 献

[1] 孙天希. X 光透镜性能研究及其在实验室 EXAFS 谱仪中的应用[D]. 北京：北京师范大学，2003.